Die Klimafibel

Helmut Schläfer

Die Klimafibel

Bibliografische Information der Deutschen Nationalbibliothek
Die Deutsche Nationalbibliothek verzeichnet diese Publikation in der
Deutschen Nationalbibliografie; detaillierte bibliografische Daten sind im
Internet über http://dnb.d-nb.de abrufbar.

Umschlagdesign, Satz, Herstellung und Verlag:
BoD – Books on Demand, Norderstedt
ISBN 978-3-7583-8549-0

Inhaltsverzeichnis

Vorwort

Die Bedeutung des Klimas und der Umwelt für die Menschheit ist unbestritten. Schädigende Einflüsse jeglicher Art auf unsere Erde sollten so weit wie möglich reduziert bzw. komplett unterbunden werden. Doch wieviel Zeit bleibt dafür? Können neben den Klimaschutzmaßnahmen noch andere für die Menschen wichtige Aspekte berücksichtigt werden wie eine ausreichende Transformationszeit für die Wirtschaft, die Versorgungssicherheit und die soziale Sicherheit?

Die Kernfrage des aktuellen Klimawandels ist, wie hoch der menschgemachte Anteil durch die Emissionen von Treibhausgasen und wie hoch der natürliche Anteil durch Himmelsmechanik, Sonnen- oder auch Ozeanzyklen ist. Davon hängt ab, inwieweit der Mensch überhaupt in das Klimageschehen eingreifen kann. Während der **Intergovernmental Panel on Climate Change (IPCC),** im deutschsprachigen Raum auch **Weltklimarat** genannt, den menschgemachten Anteil bei nahezu 100 % sieht, gehen viele Klimawissenschaftler von einem stattlichen natürlichen Anteil aus.

Im Rahmen des aktuellen Klimawandels ist die globale Durchschnittstemperatur der oberflächennahen Luft auf unserer Erde von 1850, dem Ende der sogenannten Kleinen Eiszeit, bis heute um gut 1°Celsius gestiegen. Währenddessen hat die atmosphärische CO_2- Konzentration von 280 ppm (parts per million) auf etwa 420 ppm zugenommen.

Die Grundlage für das Thema »Klimawandel« stellen die Klima-Zustandsberichte (Assessement Reports) des Weltklimarates dar, die in mehrjährigen Abständen veröffentlicht werden. Anfangs ging ich wie 97 % der deutschen Bevölkerung davon aus, dass es sich beim Weltklimarat um ein integres, neutrales, über alle Zweifel erhabenes Wissenschaftsgremium handelt, das als Knotenpunkt für neue wissenschaftliche Erkenntnisse über Ursachen und Folgen des Klimawandels aus der ganzen Welt fungiert. Hier würden eingereichte wissenschaftliche Arbeiten geprüft und gefiltert und sich deren Erkenntnisse in den durchschnittlich etwa alle fünf Jahre veröffentlichten Reports niederschlagen, und zwar ohne jegliche **externe politische Einflussnahme.** Diese Annahme trifft leider nicht zu. Wesen und Funktion des Weltklimarates werden in dieser Fibel eingehend erläutert.

Auch **Politik und Wissenschaft** scheinen zwei Kreise, die sich in beunruhigender Weise übereinander geschoben haben: Mit der Politik meinungskonforme Klimawissenschaftler erhalten für ihre Institute lukrative Forschungsaufträge und stehen gern bei Beratungen zur Verfügung.

Inzwischen nehmen sich **Politik und Medien** des Themas »Klimawandel« besonders öffentlichkeitswirksam an, wobei sie sich dabei beiderseits nicht selten von der Faktenbasis entfernen. So wurden die schweren Überflutungen des Ahr- und Erfttals im Jahr 2021 als alleinige Folge des Klimawandels dargestellt, obwohl bekannt gewesen sein dürfte, dass beide Täler seit dem Mittelalter über 40x massiv überflutet wurden, ebenfalls mit verheerenden Folgen für Mensch und Tier, und das zu einer Zeit bevor der Mensch durch Treibhausgasemissionen Einfluss auf das Klima nahm.

Klimawissenschaftler, die eher zu **Klimaaktivisten** mutiert sind, treten als solche gern in den **Medien** auf. Sie widersprechen derartigen falschen Darstellungen nicht oder räumen zumindest ein, dass diese Überschwemmungen nicht monokausal auf den Klimawandel zurückzuführen sind. Die Klimawissenschaftler, die spektakuläre Klimaszenarien verbreiten, erfahren durch die Medien deutlich mehr Aufmerksamkeit als Wissenschaftler, die nüchtern mit Ergebnissen aufwarten, die nicht auf dieser Linie liegen. Inzwischen sind die Letztgenannten in den Medien, allen voran der ÖRR, nicht mehr vertreten.

Aktivistische Non Governmental Organisations (**NGOs)** – Fridays for Future (FFF), Ende Gelände, Letzte Generation, Greenpeace, Scientist Rebellion u.a., zum Teil mit sektenartigen Strukturen-, verbreiten bewusst wissenschaftlich nicht gesicherte angstmachende Zukunftsszenarien mit Klima-Apokalypsen und lassen sich zu haarsträubenden Aktionen hinreißen. Sie betonen: »Die Basis unserer Klimabewegung sind unbestreitbare Fakten über den menschgemachten Klimawandel-»Listen to the Science. The Science is settled«-. Klimaaktivisten der `Science Rebellion` tragen weiße Kittel, um die Wissenschaftlichkeit ihres Anliegens zu unterstreichen.

Die **Klimageschichte** unserer Erde ist nachweislich gekennzeichnet von einem immer wiederkehrenden natürlichen Klimawandel. Wir leben derzeit in einer Warmzeit und innerhalb dieser zusätzlich in einer Warmperiode, was zumindest einen Teil der gegenwärtigen Temperaturerhöhung erklären könnte. Dennoch sieht der Weltklimarat den anthropogenen Anteil bei nahezu 100 %.

Für den Bürger unseres Landes ist es schwierig, sich in Anbetracht der geschilderten Situation ein Bild vom objektiven Wissensstand bezüglich des aktuellen Klimawandels zu verschaffen.

Die befremdlichen Entwicklungen in der Klimaszene, mein persönlicher Ehrgeiz, selbst Ordnung in die vielen und zum Teil widersprüchlichen Klimainfos zu bekommen, insbesondere aber Sie in einen Wissensstand zu versetzen, der es Ihnen ermöglicht, das Klimageschehen ebenfalls eigenständig beurteilen zu können, ist der Anlass für diese Fibel. Betrachten Sie diese bitte als Arbeitsgrundlage. Sie sollten sich nicht scheuen, neue neutrale(!) wissenschaftliche Erkenntnisse zu ergänzen und gegebenenfalls auch Überholtes zu streichen. Im Rahmen meiner Klima-Studien hat mich besonders beeindruckt, wie wenig wissenschaftlich gesichert etliche Aussagen über Klimaursachen und -prognosen sind.

Die Behauptung der Klimaaktivisten »The Science is settled« (»Die Wissenschaft ist abgeschlossen«) ist schlichtweg falsch. Vieles in der Klimawissenschaft ist noch ungeklärt.

Aber machen Sie sich selbst ein Bild!

Was ist Klima?

Wir alle reden fast täglich über Wetter und Klima, aber wie grenzt man die beiden Bezeichnungen gegeneinander ab?

Beide Begriffe beschreiben die gleichen Zustände der Atmosphäre wie heiß oder kalt, sonnig oder bewölkt, trocken oder regnerisch, windig oder windstill. Der entscheidende Unterschied besteht in der Zeit, wie lange diese Zustände bestehen. Das Wetter beschreibt den Zustand über Stunden, einige Tage bis zu Jahrzehnten, das Klima dagegen über deutlich längere Zeiträume. Die Weltorganisation für Meteorologie (World Meteorological Organisation, WMO) setzt **Zeiträume von 30 Jahren bis zu Jahrhunderten** oder gar Jahrtausenden an, um statistische Eigenschaften auch sicher bestimmen zu können.

Um nun die aktuellen Klimaveränderungen und deren anthropogenen Anteil abschätzen zu können, ist ein Verständnis für die natürlichen Klimaveränderungen notwendig. Das ist nur durch einen Blick in die Erdgeschichte vor dem Einwirken des Menschen auf das Klima möglich. Deshalb bedarf es zunächst eines Blickes in die Klimageschichte.

Das Kernthema dieser Fibel ist die Globaltemperatur in der Vergangenheit, Gegenwart und Zukunft. Die Globaltemperatur ist definiert als die mittlere globale Durchschnittstemperatur auf der Erde.

I. KLIMAGESCHICHTE

wellenförmige Temperatur- und Treibhausgasschwankungen seit Millionen von Jahren

Dafür ist die **Paläoklimatologie** zuständig, **die Wissenschaft von der Klimageschichte**. Die vorindustrielle Klimaentwicklung stellt einen wichtigen Kalibrierungsdatensatz für Klimamodelle dar, um möglichst sichere Zukunftsprognosen treffen zu können. Erst seit 1860 gibt es systematische, **instrumentelle Messungen als direkte Messungen,** um zum Beispiel die Globaltemperaturen auf unserer Erde ermitteln zu können. Historische Aufzeichnungen zur Klimageschichte in Schrift und Bild reichen dagegen einige tausend Jahre zurück. Messungen sind hier das zentrale Thema. Beginnen wir mit den indirekten Messungen (s. Abb 1a)

1. Indirekte Messungen (Proxydaten, Proxys)

Für Einblicke in die Klimate fernerer Vergangenheit werden **indirekte Messungen,** sogenannte **Proxydaten oder Proxys**, aus natürlichen Archiven wie Bäumen, Korallen, Stalagmiten, Eisbohrkernen und Tiefsee-Sediment-Rohmaterialien herangezogen.

Von besonderem Interesse sind: die **Altersdatierung,** die Ermittlung von **Temperatur, Niederschlag, Sonnenaktivität** und der Luftgehalt von **Treibhausgasen**. Für die Erkundung dieser Kenngrößen spielen **Isotopenuntersuchungen** eine zentrale Rolle.

Deshalb möchte ich zunächst das Wesen der Isotope und das Grundprinzip dieser Untersuchungsmethode erläutern. Ein Element besteht aus verschiedenen Isotopen. Die Isotope eines Elementes unterscheiden sich durch ihre Kernsorten, die als Nuklide bezeichnet werden. Die Nuklide setzen sich aus geladenen Protonen und ungeladenen Neutronen zusammen. Der Unterschied zwischen den Isotopen eines Elementes besteht in der Anzahl der Neutronen und damit ihrer Massenzahl. Diese repräsentiert die Summe von Protonen und Neutronen, die Ordnungszahl nur die der Protonen.

2. Prinzip der Isotopenuntersuchungen

Bei den Isotopenuntersuchungen wird das Verhältnis der Massen zweier Isotopenpartner zueinander ermittelt. Nur ein Isotop oder sehr wenige Isotope eines Elements sind stabil, die übrigen sind instabil, das bedeutet, sie zerfallen radioaktiv. Die stabilen Isotope haben -ohne jedweden äußeren Einfluss- ein festes Verhältnis zueinander.

Per **Massenspektrometrie** können die Massen der unterschiedlichen Isotope eines Elementes gemessen werden. So kann das Massenverhältnis der Isotopen zueinander, das sogenannte Isotopenverhältnis, direkt ermittelt werden. Das Isotopenverhältnis wird meist mit dem vorangestellten »Delta« kenntlichgemacht.

Zur Bestimmung von **Temperaturen**, **Sonnenintensitäten**, **Niederschlägen** etc. wird ein Isotopenpaar mit zwei stabilen Partnern als Indikator ausgewählt. Das Massenverhältnis der Partner zueinander verändert sich, weil ein Partner seine Masse unter dem Einfluss der Klimaparameter verändert.

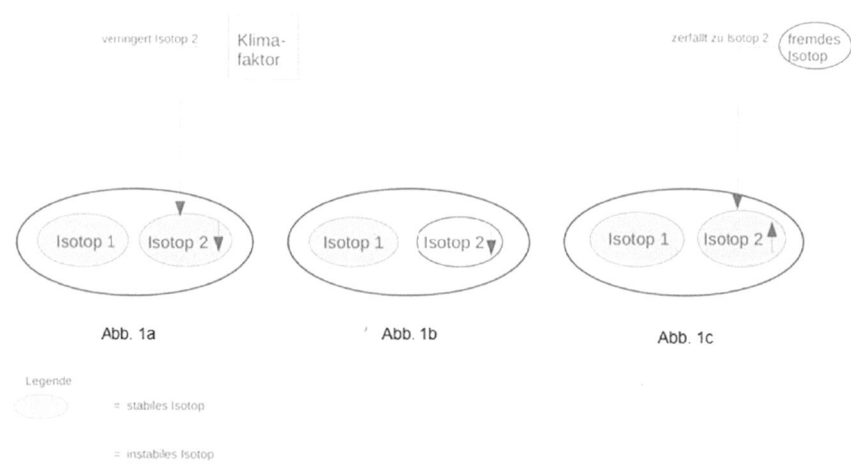

Abb. 1: Isotopenpaare (eigene Darstellung)

Zur **Altersbestimmung** werden zwei Methoden von Isotopenuntersuchungen genutzt: Bei der Radiokarbonmethode (siehe später) ist der eine Partner des Kohlenstoff- Paares stabil, der andere zerfällt radioaktiv (s. Abb. 1b)

Bei der Uran-Blei-Methode (siehe später) hingegen sind beide Blei Isotopen-Partner stabil. Das instabile Isotop eines anderen(!) Elements, hier des Urans, zerfällt radioaktiv zum Abbauprodukt eines der beiden Bleiisotopen Partner. Dadurch verändert sich das Massenverhältnis der zwei Bleiisotope zueinander (s. Abb. 1c)

Zur Altersbestimmung einer Substanz werden dann folgende Kenntnisse herangezogen: der aktuelle Bestand des zerfallenden Isotops, der Anfangsbestand des zerfallenden Isotops, die Zerfallsrate des zerfallenden Isotops (Halbwertszeit bzw. Zerfallskurve), und das in der Regel feste Verhältnis eines Isotopenpaares mit zwei stabilen Partnern.

3. Altersbestimmung, Zeitdatierung

Um Einblicke in längst vergangene Klimate zu gewinnen, ist die Datierung der Zeit eine unabdingbare Voraussetzung. Mit den nachfolgenden verschiedenen Bestimmungsmethoden sind unterschiedlich weite Einblicke in die Vergangenheit möglich:

o bis zu Milliarden von Jahren mit der Uran-Blei-Methode
o bis zu einer Million Jahren durch das Zählen von Schichten in Eisbohrkernen oder Sedimententnahmen
o bis zu 60 000 Jahren mit der Radiokarbondatierung= Delta-C14-Methode
o bis zu 10 000 Jahren durch das Zählen von Baumringen (Dendrochronologie)

Uran-Blei-Methode

Mit dieser Methode können wir das Alter von Gesteinen, die durch das **Erstarren von Magma** entstanden sind, feststellen.

Im magmatischen Erstarrungsgestein, wie zum Beispiel Granit und Basalt, liegen die **Bleiisotope PB 206 und PB 204** in einem festen Verhältnis vor. Das bedeutet: Kennen wir zum Beispiel die Menge eines Bleiisotopen Partners, lässt sich die Menge des anderen leicht ermitteln. Während **die beiden Blei-**

isotope Pb 206 und Pb 204 absolut stabil sind, zerfällt das ebenfalls in magmatischem Gestein vorhandene Uran Isotop U 238 ab dem Erstarrungsprozess (!) mit einer Halbwertszeit von 4,47 Milliarden Jahren und wird über verschiedene Zwischenstufen **zum stabilen Bleiisotop PB 206** (s. Abb. 1c). Die im Gestein gemessene Gesamtmenge von PB 206, bestehend aus dem ursprünglichen PB 206 und dem neu hinzugekommenen, steigt dadurch permanent. Ziehen wir von der PB 206-Gesamtmenge die ursprüngliche PB 206-Menge ab, erhalten wir die durch den radioaktiven Zerfall von Uran 238 entstandene Menge an Blei 206. Nun können wir anhand der bekannten Halbwertszeit von Uran 238 – 4,47 Milliarden Jahre – berechnen, welche Zeit hierfür benötigt wurde. Diese Zeit stellt das Alter des Gesteins dar.

Diese Methode lässt Einblicke in die Vergangenheit für Milliarden von Jahren zu. So kann damit auch das Alter der Erde bestimmt werden. Das Gestein an der Erdoberfläche ist allerdings bedingt durch geologische Prozesse jünger als die Erde insgesamt. Da Mond und Erde gleich alt sind, bedient sich die Wissenschaft deshalb der Mondgesteine, weil auf der Mondoberfläche keine zwischenzeitlichen Veränderungen eingetreten sind.

Die dargestellte Uran-Blei-Methode ist nicht an Sedimentgesteinen anwendbar, die aber zwei Drittel der Erdoberfläche bedecken und in denen die meisten Fossilien gefunden werden. Hier kann der annähernd genaue Zeitraum nur über das Alter des darüber und darunter vorgefundenes magmatisches Gestein eingegrenzt werden.

Auswertung von Eisbohrkernen und Sedimentbohrkernen

Die Altersbestimmung über Eisbohrkerne ist möglich, weil die Schnee-/Eisschichten optisch erkennbar in Jahreszeiträume getrennt werden können. Jedes Jahr kommt es nämlich zu Staubablagerungen in der schneearmen Jahreszeit. Das Auszählen der Schichten ermöglicht Einblicke in die Vergangenheit von etwa 1 Million Jahren. So können zum Beispiel in das Eis eingeschlossene Gasbläschen datiert werden. In ähnlicher Weise funktioniert das auch bei Sedimentbohrkernen.

Delta-C-14 Methode (Radiokarbonmethode)

Grundlage dieses Verfahrens ist, dass in der Atmosphäre neben dem normalen und **stabilen C12** auch **C14 (Radiokarbon)** in sehr niedrigen Konzentrationen vorkommt. Im Gegensatz zum stabilen Kohlenstoff 12 ist das **Radiokarbon instabil** und zerfällt mit einer **Halbwertszeit von 5730 Jahren** (s. Abb. 1b).

Jeder lebende Organismus auf Erden nimmt ständig neuen Kohlenstoff auf. In seinem Körper findet sich das gleiche Verhältnis C12 zu C14 wie in der Atmosphäre. Sobald ein Lebewesen stirbt, nimmt es keinen Kohlenstoff mehr auf. Das führt dazu, dass der C12-Gehalt unverändert bleibt, das C14 entsprechend seiner bekannten Halbwertszeit von 5.730 Jahren dagegen zerfällt und der C14-Gehalt permanent sinkt. Über das zeitgebundene Verhältnis C12 zu C14 lässt sich somit das Alter des verstorbenen Lebewesens bestimmen.

Dabei müssen Schwankungen des C12 zu C14-Verhältnisses, die über Jahrtausende vorkommen, über eine entsprechende Kalibrierung berücksichtigt werden.

Wegen der kurzen Halbwertszeit kann das **Alter von Fossilien** mit der Radiokarbonmethode nur bis maximal 60.000 Jahre ermittelt werden, da nach etwa 10 Halbwertszeiten die Menge an radioaktivem Radiokarbon-Material nur noch verschwindend gering ist

Auszählung von Baumringen und Korallenringen

Anhand von Jahresringen ist es möglich, das Alter von Bäumen und Korallen zu ermitteln. Mit der Altersanalyse von Bäumen (Dendrochronologie) gelingt es, bis etwa 10.000 Jahre in die Vergangenheit zurückzuschauen. Eine gute Überprüfung der Ergebnisse innerhalb dieses Zeitrahmens ist mit der Delta-C14-Methode möglich.

Das Alter des Sonnensystems mit Erde und unserer Milchstraße

Neben der **Altersdatierung von organischen Substanzen und Gesteinen** ist es gelungen, das Entstehungsalter der Erde und unseres Sonnensystems sowie unserer Milchstraße (Galaxie) zu ermitteln. **Unser Sonnensystem mit der Erde ist 4,6 Milliarden, unsere Milchstraße circa 13,6 Milliarden Jahre alt.**

4. Temperaturbestimmung

Die mittleren globalen Temperaturen in der fernen Klimageschichte werden immer indirekt mit Isotopenuntersuchungen bestimmt. Erst seit einigen Jahrzehnten ist es gelungen, anhand von direkten Messungen die Globaltemperatur über definierte Referenzzeiträume zu ermitteln. Hier die Methoden:

Delta-18-Sauerstoffmethode

Die Temperaturen in den vergangenen Zeiten lassen sich mithilfe zweier stabiler Sauerstoffisotope bestimmen: dem Isotop **O18** und dem Isotop **O16**. Diese **Sauerstoffisotope** fungieren bei der Delta-O-18-Methode als so**genannte Temperatur-Proxys.** Die Temperaturermittlung erfolgt **aus dem eingeschlossenen Sauerstoff in Eisbohrkernen und Sedimentbohrkernen**.

Wie können wir uns nun den Zusammenhang zwischen der seinerzeitigen atmosphärischen Temperatur und dem Sauerstoff in der betreffenden Eis- oder Sedimentschicht erklären?

Das mittlere Massenverhältnis zwischen den stabilen Sauerstoffisotopen O18 zu O16 hängt von der mittleren Globaltemperatur ab. Es liegt bei einer mittleren Globaltemperatur von circa 14 °C bei 0,2 % zu 9,98 %.

Das Atomgewicht von O18 ist höher als das von O16, O18 ist also schwerer.

Der atmosphärische Sauerstoff, um den es bei der Temperaturermittlung geht, war und ist in Form von Wassermolekülen gebunden, und zwar entweder in flüssiger Form als Wasser (Regentröpfchen, Wolken) oder in gasförmiger Form als Wasserdampf.

Der Aggregatzustand (fest, flüssig oder gasförmig) ist maßgeblich von der Temperatur abhängig. Exakt darüber wird das Isotopenverhältnis O18 zu O16 beeinflusst (s. Abb. 1a).

Bei hohen Temperaturen verdunstet das Wasser der Ozeane und wird zu Wasserdampf. Beim Verdunstungsvorgang entweichen schwerere Moleküle langsamer als leichte. In der Luft nahe über dem Wasser verändert sich dementsprechend das Sauerstoffisotopenverhältnis zugunsten des leichteren O16. Im Wasser ist es umgekehrt.

Bei niedrigen Temperaturen kondensieren (Wasserdampf wird zu Wasser) in der Luft die schwereren Moleküle des Wasserdampfes leichter. Wenn die Wassertröpfchen abregnen, nehmen die O18 Moleküle mengenmäßig in der Luft ab. Dementsprechend ändert sich das Isotopenverhältnis in der Luft weiter zugunsten des leichten O16.

Über die gesamte Erdoberfläche gesehen sieht das folgendermaßen aus:

In den Tropen verdunstet das Oberflächenwasser der Ozeane in großen Mengen zu Wasserdampf. Die mit Wasserdampf stark angereicherte Luft strömt nun über etliche Wege gen Süden oder Norden zu den Polen. Sie überströmt dabei viele Klimazonen und praktisch alle Orte unserer Erde. In der Summe nimmt die Temperatur von den Tropen zu den Polen permanent ab. Es kommt deshalb durch den Vorgang Kondensation und Abregnen mit zunehmenden Breitengraden zu einer Verringerung des O18-Gehaltes der Luft, dies besonders in den Wintern, weil die Kondensationstemperatur eine maßgebliche Rolle spielt. In den Wintern eines jeden Jahres sind dementsprechend die O18-Werte besonders niedrig. An den Polen fällt der kondensierte Wasserdampf mit seinem nun niedrigen O18- Gehalt als Schnee. Folglich werden in den Kaltzeiten besonders niedrige O18- Werte gemessen, in den Warmzeiten dagegen hohe O18- Werte.

Weil es empirisch eine lineare Beziehung zwischen den O18-Werten und den mittleren Jahrestemperaturen (Globaltemperaturen) gibt, können aus den gemessenen O18-Werten die Globaltemperaturen eines jeden Jahres ziemlich genau ermittelt werden. Dank der Untersuchung von Eisbohrkernen kann so die mittlere Jahrestemperatur über circa 600 Millionen Jahre zurückverfolgt werden.

Eine Alternative zur Delta-18-Sauerstoffmethode ist die Delta-Deuterium-Wasserstoffmethode.

Instrumentelle Ermittlung der Globaltemperatur seit 1860

Seit die Temperatur instrumentell gemessen werden konnte war es das Ziel, die mittlere globale Durchschnittstemperatur der oberflächennahen Luft auf der Erde zu ermitteln. **Seit etwa 1860** werden an so vielen Orten der Erde die Temperaturen instrumentell gemessen, dass diese Ermittlung annähernd möglich war. Zur exakten Bestimmung der Globaltemperatur müssten eigentlich die durchschnittlichen Lufttemperaturen in der bodennahen Atmosphäre an nahezu unendlich vielen Stellen gemessen werden. **Dazu wären Billionen von Messstationen erforderlich. Das ist aber in der Praxis nicht umsetzbar, so dass eine reale globale Durchschnittstemperatur über eine begrenzte Anzahl von Messstellen nur annähernd bestimmt werden kann.** Die Messorte selbst müssen folgende Forderungen erfüllen: circa zwei Meter über der Erdoberfläche liegen, unbeeinflusst von Sonnenstrahlen, Bodenwärme und Wärmeleitung sein. Die Messpunkte befinden sich an Land oder über Wasser (Bojen oder Schiffe). Es wird also die **mittlere globale Durchschnittstemperatur der oberflächennahen Luft** ermittelt.

   Klimaforschungseinrichtungen wie der NASA (National Aeronautics and Space Administration), der NOAA (National Oceanic and Atmospheric Adminstration), dem Met Office Hadley Center,UK und der JMA (Japan Meteorological Agency) **ist es gelungen, über festgelegte Referenzzeiträume eine globale Durchschnittstemperatur zu bestimmen. So wurde über den Referenzzeitraum von 1951 bis 1980 eine globale Durchschnittstemperatur von 14°C ermittelt.**

Instrumentell gemessene Temperaturen dürfen nicht einfach an Proxydaten angehängt werden. Seit 1860 sind überlappende Temperaturerhebungen mit beiden Untersuchungsmethoden möglich. Dadurch kann und muss ein Abgleich der Werte über Kalibrierungstabellen oder -kurven vorgenommen werden. Dennoch bleibt eine gemischte Darstellung in einem einzigen Diagramm problematisch, weil die Zeitabstände der Untersuchungen sehr unterschiedlich sind: Untersuchungen zur fernen Vergangenheit haben sehr viel größere Zeitabstände als Untersuchungen der nahen Vergangenheit und Gegenwart. Zum seriösen Vergleich ist die Anwendung sogenannter zeitbezogener Glättungsfilter erforderlich.

Temperaturen von Anfang an bis heute

Die Messungen ergeben einen ineinander verschachtelten Temperatur-verlauf seit Millionen von Jahren bis in die Gegenwart.

Anfangs, also bei der Entstehung unserer Erde vor 4,6 Milliarden Jahren, lagen die Temperaturen bei circa 180°C. Erst langsam kühlte es dann ab. Vor circa vier Milliarden Jahren wurde erstmals die 100°C Marke unterschritten.

Seit dieser Zeit wird auch die Existenz von Wasser vermutet. Wasser ist die Voraussetzung für jegliches Leben auf unserem Planeten. Wissenschaftler gehen davon aus, dass **Kometen** aus dem Rand unseres Sonnensystems, bestehend aus Eis und Staub, das **Wasser auf unsere Erde gebracht** haben. Die Zeitspanne zwischen 4,6 und 2,5 Milliarden Jahren bezeichnen wir als Erdurzeit (Archaikum).

Sieben Eiszeitalter

Seit ihrem Bestehen hat die Erde sechs oder sieben Eiszeitalter erlebt. **Definitionsgemäß sind während eines Eiszeitalters die Pole oder mindestens ein Pol der Erde vereist.** Während des größten Teils ihrer Klimageschichte jedoch war unsere Welt, abgesehen von den Hochgebirgen, eisfrei. Die wärmeren Zeiträume, auch gegenüber den heutigen Temperaturen, machten insgesamt 80-90 % der Erdgeschichte aus.

Das **erste Eiszeitalter** gab es erst zur bisherigen Halbzeit unserer Erde, also vor ca. 2,3 Milliarden Jahren (s. Abb. 2) **Das erste Eiszeitalter wurde vermutlich durch eine sogenannte Sauerstoffkatastrophe hervorgerufen.** Durch mangelnde Oxidationsmöglichkeiten war der freie Sauerstoffgehalt derartig hoch, dass die **anaeroben CO_2 bildenden Organismen abstarben**. Es kam dadurch zu einem **massiven Mangel an Treibhausgasen**, so dass die globale Erdtemperatur sank.

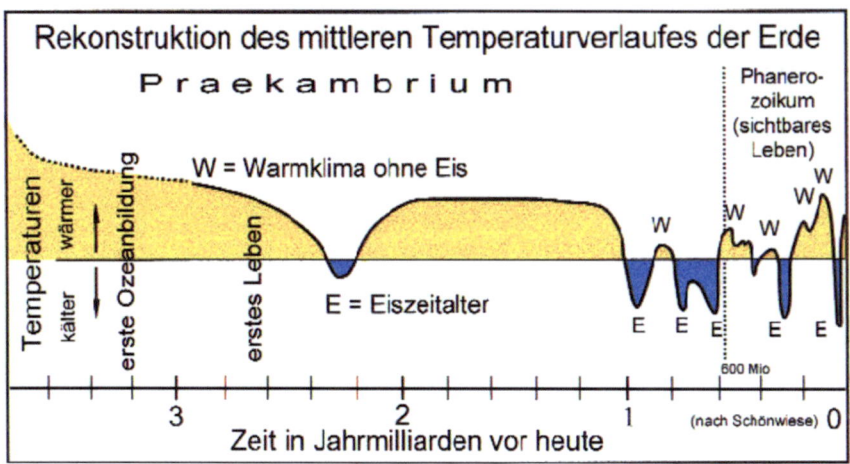

Abb. 2: Rekonstruktion des mittleren Temperaturverlaufes der Erde (nach Schoenwiese,1992)

Die sechs nachfolgenden **Eiszeitalter (E)** entstanden erst nach einer Latenz von über 1 Milliarde Jahren. Sie waren durch **Warmzeitalter (W)** voneinander getrennt, in denen die mittleren globalen Oberflächentemperaturen um 5 bis 10°C Grad höher waren als heute. Sie lagen bei 20 bis 25°C. Während des letzten Warmzeitalters betrug die mittlere globale Temperatur sogar 30°C. Wissenschaftler vermuten, dass diese sechs Eiszeitalter mit dem Durchgang unseres Sonnensystems durch die Spiralarme unserer Galaxie (Milchstraße) zu tun haben könnten. Näheres s. S. 90ff »Himmelsmechanik«.

Milanković-Zyklen im letzten Eiszeitalter (Pleistozän)

Das letzte Eiszeitalter **begann vor 2,6 Millionen Jahren. Sein Ende wird unterschiedlich festgelegt.** Für die einen Klimawissenschaftler leben wir heute noch im Pleistozän, für die anderen endete das Pleistozän mit dem Beginn des Holozäns vor etwa 11.000 Jahren. Ob das Holozän der Beginn eines neuen Warmzeitalters oder eine Warmzeit in diesem Eiszeitalter ist, bleibt offen und kann nicht eindeutig vorausgesagt werden. Bei der zweiten Variante soll es keine Kaltzeit in einigen tausend Jahren geben und die Erderwärmung unaufhaltsam voranschreiten.

Vor 2,6 Millionen Jahren -nach neueren Erkenntnissen sogar etwas früher- war die Verbindung zwischen Nord- und Südamerika endgültig geschlossen. Seither sieht unsere Erde etwa so aus wie heute und die Meeresströmungen (s. S. 79ff) sind mit den derzeitigen vergleichbar. Abb. 3 zeigt das Klimadiagramm der letzten fünf Millionen Jahre.

Die **Milanković-Zyklen:** Unser derzeitiges Eiszeitalter, das Pleistozän, ist geprägt von einem Wechsel von kalten Zeitabschnitten (Synonyme: Kalt**zeiten,** Eiszeiten, Glazialzeiten, Glaziale) und warmen Zeitabschnitten (Synonyme: Warm**zeiten**, Interglazialzeiten, Interglaziale). (s. Abb. 3 und Abb. 4). Es gab etwa **zwanzig solcher Zyklen.** Jeder Zyklus bestand aus einer längeren Kaltzeit (Eiszeit) und einer kürzeren Warmzeit. Die Eis**zeiten** dürfen auf keinen Fall mit den vorbeschriebenen Eis**zeitaltern** verwechselt werden!

In diesen Zeitabschnitt fällt auch die Entwicklungsgeschichte der Menschheit, mit ersten Vertretern der Gattung Homo vor circa zwei Millionen Jahren.

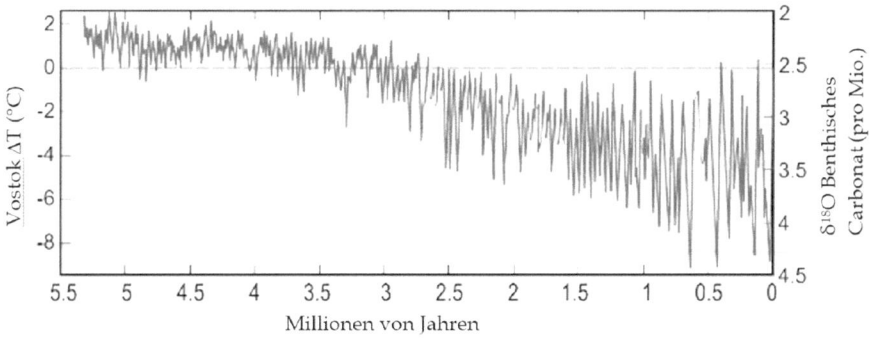

Abb. 3: Temperaturverlauf während der letzten 5,3 Millionen Jahre
(nach Lisiecki & Raymo, 2005)

Als Ursachen für den **Wechsel von Kalt- und Warmzeiten im Eiszeitalter** sehen Wissenschaftler ein **Zusammenwirken sich verändernder Erdbahnparameter wie der Exzentrizität, Obliquität und Präzession** (Näheres dazu s. S. 90ff, »Himmelsmechanik«), was zu **typischen zyklischen Temperaturverläufen im Pleistozän** führte. Die Erkenntnisse sind eng mit dem Wissenschaftler Milanković verbunden, weshalb wir von **Milanković-Zyklen** sprechen.

Nachdem zu Beginn des letzten Eiszeitalters ein solcher Milanković-Zyklus etwa 41.000 Jahre andauerte, hat er seit ca. 1 Millionen Jahren eine Dauer von etwa 100.000 Jahren, wobei die Kaltzeiten eine Streubreite von 60.000 bis 100.000 Jahren, die Warmzeiten eine Streubreite 8.000 bis 30.000 Jahren aufwiesen (s. Abb. 4).

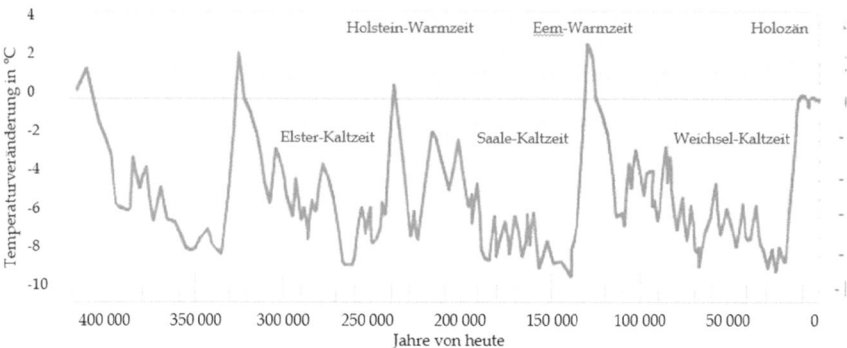

Abb. 4: Temperaturverlauf während der letzten 420.000 Jahre, ermittelt durch Eiskernbohrungen in der Antarktis (verändert nach Petit et al., 1999)

Bond-Zyklen (zyklische Temperaturphasen) während der Kaltzeiten des Pleistozäns

Während dieser Kaltzeiten gab es wiederum **kalte und warme Phasen im Wechsel.** Dementsprechend **variierten die Vereisungsgrade in den Kaltzeiten** deutlich.

Die Kalt**phasen** werden als **»Heinrich-Ereignisse«**, die Warm**phasen** als **»Dansgaard-Oeschger-Ereignisse«, kurz: D-O-Ereignisse**, bezeichnet. Beide unterliegen nach neueren Erkenntnissen den **1470- Jahre- Zyklen** (+/- 500 Jahre), den sogenannten **Bond-Zyklen**, genannt nach ihrem Entdecker. **Als Auslöser der Kalt- und Warmphasen gelten zyklische Veränderungen der Sonnenaktivität** infolge von bestimmten Planetenkonstellationen. Da die Zykluslängen ziemlich exakt 1470 Jahre betragen, geht man von zwei Sonnenzyklen aus, die für die Ereignisse ursächlich verantwortlich gemacht werden, nämlich dem »Suess de Vries- Zyklus« mit 210 Jahren (7x 210= 1470) und dem »Geißberg- Zyklus« mit 86,5 Jahren (86,5 x 17 = 1470,5).

Die Schwankungen der Sonnenintensität selbst bewirkten allerdings nur sehr geringfügige Temperaturschwankungen, nämlich lediglich um die 0,5°Celsius. Eine enorme Verstärkung der Temperaturschwankungen geschah durch das **Mitwirken der Atlantischen Meeresströmung** (s. Abb. 5 und Abb. 38), die maßgeblich vom Vereisungsgrad der Nordhalbkugel beeinflusst wird, speziell von der Ausdehnung des **Laurentidischen Eisschilds** (s. Abb. 7). Der Vereisungsgrad war wiederum von der Sonnenaktivität abhängig.

Abb. 5 zeigt drei Strömungszustände des Atlantiks während der letzten Eiszeit, die die Temperaturen in den Kalt- und Warmphasen und den dazwischenliegenden Zustand entscheidend prägten.

Abb. 5: Schematische Darstellung der drei Strömungszustände des Atlantiks während der letzten Eiszeit, (1) symbolisiert den Strömungszustand bis hoch hinauf in das europäische Nordmeer während der Warmphasen, (3) den Abriss der Nordatlantikströmung während der Kaltphasen und (2) den vorherrschenden stabilen Zwischenzustand. (eigene Darstellung))

Mit den Ursachen und Rückkopplungsmechanismen von abrupten Klimawechseln während der Eiszeiten hat sich Prof. Ramstorf, Potsdamer Institut für Klimafolgen (PIK), wissenschaftlich intensiv auseinandergesetzt, ebenso mit der möglichen Übertragung auf unsere heutige Zeit (Abrupte Klimawandel, Ramstorf, S. o.J.). Darauf komme ich später genauer zu sprechen (s. S. 166ff).

Der mittlere Strömungszustand -auf der Abbildung mit (2) symbolisiert- stellt den vorherrschenden stabilen Eiszeitzustand dar, bei dem warmes Atlantikwasser bis in die mittleren Breiten bis auf Höhe des grönländischen Südzipfels strömt. Am Ende der Kaltphasen (Heinrich-Ereignisse) ist die Atlantikströmung abgerissen. Dieser Zustand ist Gegenstand aktueller Forschung und Diskussion. Als Auftakt für die Kaltphase wird eine massive Schmelze der mächtigen Eisdecke im Osten Kanadas und den USA, dem Laurentidischen Eisschild, angesehen (s. Abb. 7). Die anschließenden Rückkopplungsschritte bis zur Manifestation der Kaltphase werden unterschiedlich eingeschätzt. Das soll in der Abbildung durch das zweimalige Symbol (3) zum Ausdruck kommen. Von vielen Klimawissenschaftlern wird ein Rückkopplungsprozess angenommen, wie er nachfolgend unter »Heinrich-Ereignisse (Kaltphasen)« beschrieben wird und auch auf der rechten Seite der Abb. 76 (s. S. 171) zur Darstellung kommt. Während der Dansgaard- Oeschger-Warmphasen dringt dagegen warmes Atlantikwasser bis weit ins Nordmeer vor, symbolisiert durch (1). Der Zustand (1) entspricht übrigens auch der aktuellen Atlantikströmung in unserer derzeitigen Warmzeit, dem Holozän. Das Nordmeer liegt zwischen Norwegen, Island und der Inselgruppe Spitzbergen.

Die Heinrich-Ereignisse (Kaltphasen)

Es handelt sich um kurze Kalt**phasen** von etwa 750 Jahren mit schnell einsetzenden Abkühlungen binnen weniger Jahre. Während der letzten Kaltzeit wurden sechs dieser Art (H) beobachtet (s. Abb. 6)

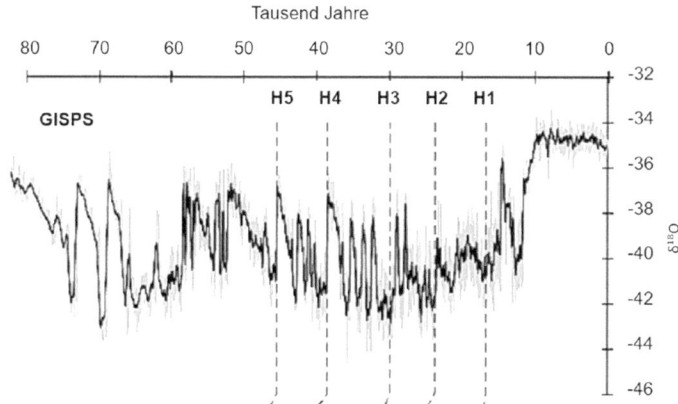

Abb. 6: Heinrich-Ereignisse (eigene Darstellung nach Hemming 2004)

Wie entstehen diese Kaltphasen?

Der **Laurentidische Eisschild** (Abb. 7) bildet den Auftakt für eine Kaltphase. Es handelt sich um eine Eisdecke wechselnder Ausdehnung im Osten Kanadas und den USA, die mindestens die Labradorsee erreichen muss. Hier gelangt **Schmelzwasser** von Eisvorstößen (Schelfs) bzw. abgelösten Eisbergen (Kalben) in die See und verteilt sich bis in das Nordmeer. In beiden Meeren -**Labradorsee und Nordmeer**- sinkt mit zunehmendem Süßwassereintrag der Salzgehalt des Meerwassers. Dadurch werden folgende Rückkopplungsmechanismen in Gang gesetzt: An **speziellen Absinkorten** (s. Abb. 38) in der Labradorsee und dem Nordmeer kommt es wegen des **nun verminderten spezifischen Gewichtes des Meerwassers zu einer deutlichen Verlangsamung des Absinkvorganges bis letztendlich zum Stillstand. Dadurch verlangsamt sich die gesamte atlantische Meeresströmung beträchtlich, ebenfalls bis zu ihrem endgültigen Stillstand.** Im Zuge dessen erlahmt und stoppt letztendlich auch der Nordatlantikstrom als verlängerter Arm des Golfstroms. (s. Abb. 5, Symbol (3)). **In allen vom Golfstrom abhängigen Regionen wie Nordwesteuropa, Grönland, Island und der nordpolaren Region sowie selbst den Kanaren kühlt es infolgedessen beträchtlich ab.** Durch die Ausweitung des polaren Eisschildes und der damit verbundenen Erhöhung des Eis-Albedo-Effektes (s. S. 58ff) kühlt die Temperatur auf der Nordhalbkugel deutlich ab und infolgedessen auch die Globaltemperatur auf der gesamten Erdkugel. **Am Ende der Heinrich-Ereignisse erreicht die durchschnittliche globale Temperatur ihren**

Tiefpunkt. Abb. 7 zeigt den Laurentidischen Eisschild, die Vereisung Grönlands und Nordeuropas.

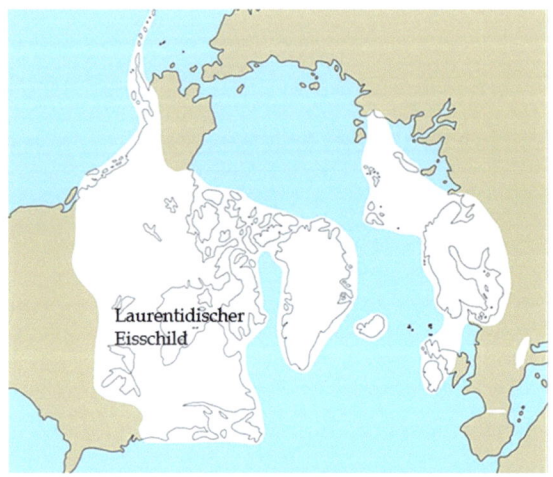

Abb. 7: Laurentidischer Eisschild (Bennike, 2011)

Die Dansgaard-Oeschger-Ereignisse (Warmphasen)

Bei diesen Ereignissen handelt sich ebenfalls um recht abrupte einsetzende Phasen mit schneller Erwärmung und Temperaturanstiegen bis zu 10°C (!) mit anschließender langsamer Abkühlung. Während der Dansgaard-Oeschger-Ereignisse auf der Nordhalbkugel werden synchron verlaufende geringfügige Abkühlungen auf der Südhalbkugel beobachtet.

Die D-O-Ereignisse stehen in einer Beziehung zu den sechs Heinrich- Ereignissen, wenngleich es mit 26 D-O- Ereignissen sehr viel mehr waren. Die nachfolgende Abb. 8 gibt nur die letzten 50.000 Jahre wieder.

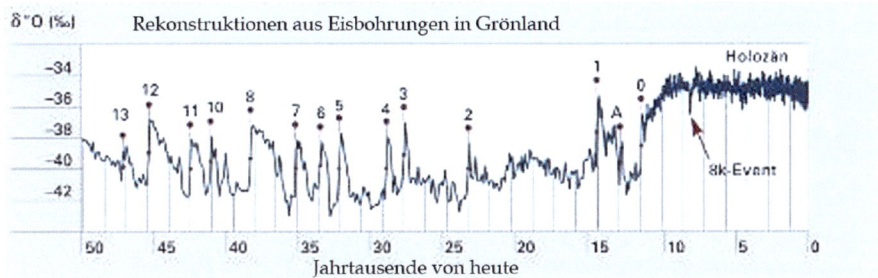

Abb. 8: Dansgaard- Oeschger- Ereignisse während der zweiten Hälfte
der letzten großen Eiszeit (nach Rahmstorf, 2003)

Die Abb. 8 zeigt die Rekonstruktion des Temperaturverlaufes der letzten 50.000 Jahre, die auf Messungen des Sauerstoffisotops 18 im Eis basiert. Auch hier noch einmal: Die Warmzeit der letzten 11600 Jahre ist das Holozän. Von der Eiszeit davor ist nur die zweite Hälfte abgebildet. Die Dansgaard-Oeschger-Ereignisse (Warmphasen) sind nummeriert und rot markiert. Die senkrechten Linien haben einen Abstand von 1470 Jahren. Die meisten DO- Ereignisse liegen in der Nähe einer solchen Linie.

Folgende Rückkopplungsmechanismen sind nun anzunehmen (s. Abb. 76, linke Seite):

Die im Zuge der Heinrich- Ereignisse massive Zunahme des Nordpolareises führt zu einem deutlichen Rückgang des Süßwassereintrages in das Nordpolarmeer. Dadurch steigt der Salzgehalt des Meerwassers wieder an und damit auch das spezifische Gewicht des Meerwassers. An den speziellen Absinkorten nehmen Menge und Geschwindigkeit des absinkenden Meerwassers abermalig zu. Die im Rahmen des vorangegangenen Heinrich-Ereignisses erlahmte atlantische Strömung nimmt erneut Fahrt auf und damit auch der Golfstrom. Im Zuge dessen gelangt wieder warmes Atlantikwasser in die Grönlandsee und das europäische Nordmeer (s. Abb. 5, Symbol (1)). Die regionalen, aber auch globalen Temperaturen steigen. Die Warmphase ist eingeleitet. Dieser folgt dann wieder eine Kaltphase. Und so weiter und so fort.

Bond-Ereignisse (zyklische Temperaturperioden) im Holozän

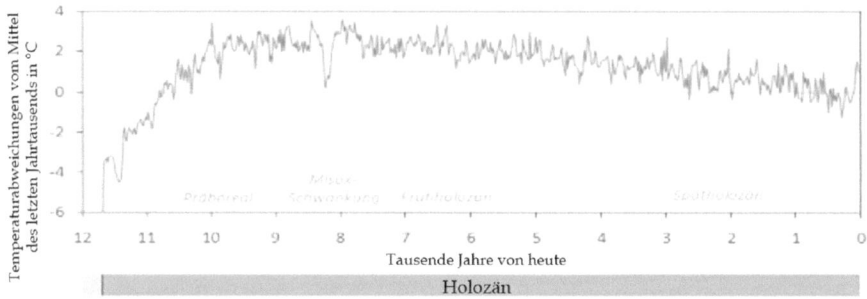

Abb. 9: Temperaturverlauf im Holozän rekonstruiert aus grönländischen Eisbohrkernen (Zentralanstalt für Meteorologie und Geodynamik nach Vinther et al. 2009)

Vor etwa 11.600 Jahren begann das Holozän, in dem wir noch heute leben. Es handelt sich um eine interglaziale Warmzeit, also um eine zwischen zwei Eiszeiten gelegene Warmzeit (s. Abb. 9). Im Anschluss an die letzte Eiszeit kam es innerhalb von gut 1.000 Jahren zu einer Temperaturerhöhung von 6 bis 8°C. Anschließend entwickelte sich ein **stabiles Temperaturplateau**. Allerdings wurden während des Holozäns **neun prominente Kälteperioden** nachgewiesen, die wie die Bond-zyklen in der letzten Eiszeit eng mit dem Namen Gerad C. Bond verbunden sind und als **Bond-Ereignisse** bezeichnet werden. In anderen Regionen auf Erden gab es anstatt der Kälteperioden Dürreperioden. Seit Christi Geburt haben die Zyklen nur eine Länge von etwa 1000 Jahren (s. Abb. 10), obwohl hinter ihnen ebenfalls die 1470 Jahre-Zyklen stecken. Das wird mit Überlagerungen und Zeit-verschiebungen der Zyklen sowie Modellierungen durch Rückkopplungen erklärt. Die tausendjährigen Zyklen werden auch als **Milleniumzyklen** bezeichnet. Die ermittelten Temperaturschwankungen zwischen den Kälte- und Wärmeperioden lagen bei 1.5°C oder etwas höher. Auf der Nordhalbkugel war der wellenförmige Temperaturverlauf besonders stark akzentuiert. Regional wurden sogar Zeitab-schnitte mit noch höheren Temperaturunterschieden, sogenannte Temperatur->>Optima <<und Temperatur->>Pessima<<, beobachtet.

Die letzten 2000 Jahre

Auch während der letzten 2000 Jahre zeigt die Verlaufskurve der Temperatur für die nördliche Hemisphäre einen wellenförmigen auf- und absteigenden Verlauf im Millennium-Takt (s. Abb. 10):

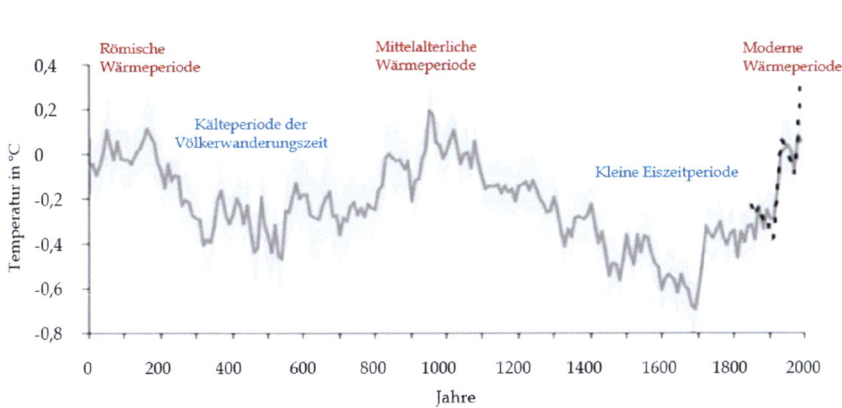

Abb. 10: Rekonstruierte Temperaturen auf der nördlichen Halbkugel und direkte Messengen (gepunktet) (nach Ljungqvist, 2010)

Nach der **Römischen Wärmeperiode** schließt sich die **Kälteperiode der Völkerwanderungszeit** an, gefolgt von der **Mittelalterlichen Wärmeperiode (MWP).** Die Temperaturen waren in den Wärmeperioden mit mehr als 5°C regional deutlich höher als heute. Die Temperaturerhöhungen betrafen ganz Europa, Nordamerika, aber auch Pakistan, China und Sibirien. Besonders betroffen waren die hohen Breiten wie Südgrönland, der Nordatlantik, der gesamte Arktische Ozean mit Spitzbergen und Neufundland. Zu jener Zeit haben die Wikinger Südgrönland, Island, Spitzbergen und Neufundland besiedelt und landwirtschaftlich urbar gemacht. Mit Beginn des 13. Jahrhunderts beginnt sich das Klima wieder zu ändern. Die Sommer sind zwar zunächst noch warm, die Winter werden aber strenger. Anschließend jedoch änderte sich das Klima als Folge einer Serie von heftigen Vulkanausbrüchen in Indonesien und Island radikal. Die Ascheausstöße gelangten in die Stratosphäre. Die Erde kühlte sich vorübergehend deutlich ab. Mitte des 14. Jahr-

33

hunderts (1342) ereignete sich eine massive Überschwemmungskatastrophe. Die großen Flüsse Mitteleuropas wie Rhein (inklusive Ahr), Donau, Elbe und Weser überschritten massiv ihre Ufer. Die Städte Köln, Frankfurt, Wien und viele andere versanken in den Fluten. **Anfang des 15. Jahrhunderts beginnt eine extreme Kälteperiode, die sogenannte Kleine Eiszeit**, mit einer nun wieder zunehmenden ausgedehnten Eisbedeckung vielerorts. Die Wikinger mussten ihre oben aufgeführten Siedlungsgebiete wieder aufgeben. Die in den Gebirgen lebenden Menschen wichen wegen wachsender Gletscher und zunehmender Lawinengefahr in tiefere Gebiete aus. Im Jahre 1815 kam es zu allem Übel zusätzlich zu einem Ausbruch des berüchtigten Vulkans Tambora in Indonesien (s. Abb. 68) mit einem massiven Ausstoß von Vulkanasche bis in die Stratosphäre, was zu einer zusätzlichen Abkühlung des Klimas führte. Danach wurde das Klima sukzessive besser bis in die jetzige **moderne Warmperiode**, die im Englischen als **C**urrent **W**arm **P**eriod (**CWP**) bezeichnet wird. Dieses gute Klima hält nun schon 200 Jahre an. Während dieser Zeit nahm die moderne Industriegesellschaft Fahrt auf.

Seit 1860 gibt es engmaschige instrumentelle Temperaturmessungen mit entsprechenden Aufzeichnungen, die in der Abbildung gepunktet dargestellt sind.

Die Hockeyschlägerkurve

Als »Hockey-Stick«-Kurve wurde die grafische Darstellung einer Rekonstruktion von Temperaturen über die letzten eintausend Jahre berühmt, wie sie von Mann et al 1999 veröffentlicht wurde (s. Abb. 11).

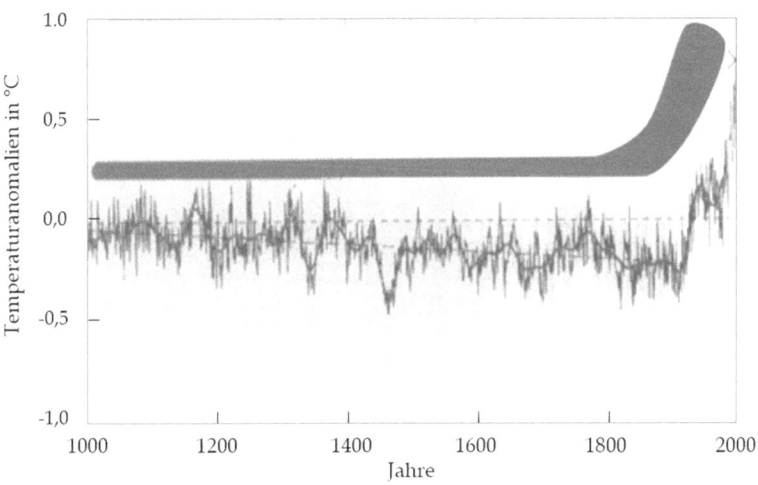

*Abb. 11: globaler Temperaturverlauf während der letzten 1000 Jahre
(Eigene Darstellung nach Mann et al., 1999, mit eingebautem Hockeyschläger)*

Entgegen der ursprünglichen Kurve ist der Verlauf nun deutlich geglättet.
Die Temperaturen sind niedriger und ohne größere Temperaturschwankungen.
Der IPPC präsentierte bereits 2001 in seinem Klimazustandsbericht diese **globale Kurve**, welche die Temperaturrekonstruktion **für die letzten 1000 Jahre**
darstellt. Der Kurvenverlauf wurde im Jahr 2019 von einer Berner Arbeitsgruppe
für »Past Global Changes«, die dem IPPC nahesteht, bestätigt. Die **mittelalterliche Wärmeperiode kommt nicht mehr vor**. Begründet wird das damit, dass
während der MWP auf der Nordhalbkugel zur gleichen Zeit Abkühlungen auf
der Südhalbkugel stattgefunden hätten, die die Globaltemperatur ausgeglichen
hätten. Die Hockey-Stick-Kurve hat bei sehr vielen freien und neutralen Klimawissenschaftlern für Entrüstung gesorgt. Es wurden überwiegend ideologische
Gründe als Ursache für den nun abweichenden Kurvenverlauf vermutet, denn
dieser soll eine zuvor »nie dagewesene Erderwärmung« illustrieren.

Letztendlich konnten dem Urheber der Kurve und seinen Mitarbeitern eklatante Pannen bei der Erhebung der Basisdaten und der statistischen Bearbeitung nachgewiesen werden. Des Weiteren konnte inzwischen durch unabhängige Wissenschaftler die **These ausgleichender Abkühlungen auf der Südhalbkugel widerlegt** werden. Es wurden zu diesem Zweck Untersuchungen im
südlichen Afrika, in Südamerika, Ozeanien und in der Antarktis vorgenommen.

Unabhängig davon fällt bei der Betrachtung der Hockey-Stick-Kurve auf, dass die seit 1860 instrumentell erhobenen Temperaturdaten einfach angeklatscht wurden, sodass die Kurve in die Höhe schießt. Die zum Teil noch zeitgleich erhobenen Temperatur -Proxydaten zeigen jedoch einen derart drastischen Anstieg nicht.

Die Zeit der Industrialisierung 1850 bis heute

Die Kurve stellt den **Temperaturverlauf** von 1850 bis heute dar und damit den **des aktuellen Klimawandels.**

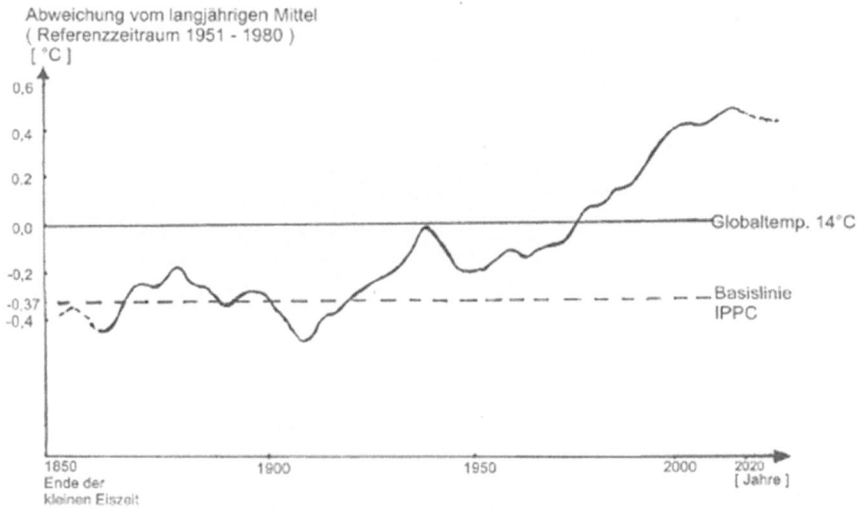

Abb. 12: Verlauf der irdischen Globaltemperatur seit 1850 (eigene Darstellung)

Folgende Punkte sollten bei der Kurveninterpretation beachtet werden:
o Ein allgemeiner Konsens besteht dahingehend, dass die Globaltemperatur auf Erden **1850 ungefähr 0,37°C unter dem globalen Mittelwert von 14°C lag,** der durch mehrere Klimaforschungseinrichtungen über leicht unterschiedliche Referenzzeiträume ermittelt wurde.
o Während einige wissenschaftliche Institutionen auf ihren Temperaturdiagrammen **die Basislinie auf dem Temperaturniveau der Kleinen Eiszeit**

beließen, wurde die **Basislinie (0.0)** von vielen anderen **auf den ermittelten globalen Mittelwert von 14°C** gelegt. Da ist also Aufmerksamkeit angesagt!

o 1910 bis 1940 gab es einen ähnlich steilen Temperaturanstieg wie zwischen 1975 und 1998 (obwohl die Treibhausgase noch nicht so stark anstiegen)

o Von **1975 bis 1998** trat ein **steiler Anstieg der Globaltemperatur um ca. 0,4°C** durch das **Zusammentreffen von zwei positiven Ozeanzyklen** ein: PDO+ und AMO+ (PDO = Pazifische-Dekaden-Oszillation; AMO = Atlantische-Multidekaden-Oszillation), 1998 war ein besonders warmes Jahr mit El Niño.

o Nach einer weitgehenden **Stagnation der Temperaturerhöhung von 1998-2014 (sog. »Hiatus«),** deren Ursache nicht bekannt ist, kam es **2015/2016 zu einem deutlichen Temperaturanstieg, der mit einer im Frühling entstandenen El Niño-Phase zusammenhing,** die im Mai 2016 endete. Ausführungen über El Niño finden Sie später unter »Die Ozeanzyklen«.

o **Seit 2016 wird nun eine leichte Absenkung der Globaltemperatur** beobachtet. Zurzeit steigt sie wieder an.

o Wenn man die Vielzahl der Temperaturdiagramme und ihrer Interpretationen miteinander vergleicht, verwundert vor allem die Abweichung der gemessenen (!) Temperaturen. Die überwiegende Zahl von Wissenschaftlern beschreibt eine Temperaturerhöhung im Rahmen des aktuellen Klimawandels von 0.4°C bis maximal 0.5°C gegenüber der Globaltemperatur von 14°C. Klimaaktivistische Einrichtungen und Organisationen, selbst Wikipedia, sehen eine Temperaturerhöhung von 0.77°C gegenüber dem 14°-C-Niveau, was einer Temperaturerhöhung seit 1850 von über 1,1°C entspricht.

o **An einem Wandel des Klimas kann es dennoch keinen Zweifel geben. Eine Linearität zwischen der Treibhausgaskonzentration und der Temperaturentwicklung ist jedoch nicht eindeutig gegeben.**

Wie Sie sicherlich gemerkt haben, wird bei den Temperaturzyklen eine begriffliche Staffelung vorgenommen: man spricht von Eis**zeitaltern** bzw. Warmzeitaltern, von Eis**zeiten** bzw. Warmzeiten, von Kalt**phasen** bzw. Warmphasen und von Kälte**perioden** bzw. Wärmeperioden. Des Weiteren werden folgende Synonyme verwendet: für das letzte Eiszeitalter =Pleistozän, für die Eiszeiten oder Kaltzeiten=Glazialen, für die Warmzeiten= Interglazialen, für die letzte Warmzeit= Holozän.

Leider hält man sich nicht immer konsequent an die Staffelung. Ein Beispiel dafür ist die »Kleine Eiszeit«. Sie ist eigentlich eine Kälteperiode zwischen der Mittelalterlichen Wärmeperiode und der aktuellen Wärmeperiode. Ihre tiefen Temperaturen waren mit denen während der Eiszeiten im Pleistozän nicht annähernd vergleichbar und die Dauer schon gar nicht.

Das Wichtigste in Kürze!

o **Erst seit 1860 gibt es systematische, instrumentelle Messungen zur Ermittlung der oberflächennahen globalen Durchschnittstemperatur der Luft.**

o Für die fernere Vergangenheit werden **Proxydaten** aus natürlichen Klimaarchiven erhoben. Isotopenuntersuchungen spielen eine zentrale Rolle.

o Das **Alter unserer Erde und unseres Sonnensystems beträgt 4,6 Milliarden** Jahre, das unserer Milchstraße 13,6 Milliarden Jahre.

o Auf unserer Erde war es in der Vergangenheit fast immer wärmer als heute.

o Die Klimageschichte der Erde ist durch stetig wiederkehrende Klimawandel gekennzeichnet.

o Es gab sieben Eiszeitalter, die letzten sechs in der zweiten Erdlebenshälfte.

o Wir leben aktuell im letzten Eiszeitalter, dem **Pleistozän**, das vor 2,6 Millionen Jahren begann.

o Das Pleistozän ist geprägt von periodischen Wechseln mit Eiszeiten (Glazialen) und Warmzeiten (Interglazialen). Seit etwa 1 Million Jahren dauern die **Milanković-Zyklen** circa 100.000 Jahre.

o **Während der Eiszeiten im Pleistozän** zeigt sich ein undulierender Temperaturverlauf durch **Heinrich- und Dansgaard-Oeschger-Ereignisse im Takt der Bondzyklen (1.470 Jahre).**

o Wir leben derzeit in einer Warmphase (**Holozän**) **mit wiederum wellenförmigen Temperaturschwankungen** (um circa 1.5°C) infolge von Warm- und **Kaltperioden**, die **als Bond-Ereignisse** bezeichnet werden. Die Zykluslängen betragen 1.000 Jahre (»Milleniumtakt«).

o **Seit 1850, dem Ende der Kleinen Eiszeit, ist die globale Durchschnittstemperatur auf Erden um gut 1°C auf 15°C gestiegen.**

5. Ermittlung der Sonnenaktivität

Das Beryllium-10 Isotop gilt **als Proxy zur Beurteilung der Sonnenaktivität** in vergangenen Zeiten. Es wird durch kosmische Strahlung gebildet. Kosmische Strahlung ist eine hochenergetische Teilchenstrahlung der Milchstraße und fernerer Galaxien. Sie zersplittert in der Erdatmosphäre Stickstoff und Sauerstoff. Bei dieser Zersplitterung (Spallation) wird das Be-10 freigesetzt. Es handelt sich um ein instabiles Isotop, das radioaktiv mit einer Halbwertszeit von 2,7 Millionen Jahren zu stabilem Bor-10 zerfällt. Das in der Erdatmosphäre per Spallation entstandene Be-10 Isotop gelangt durch Niederschlag (Regen, Schnee) an die Bodenoberfläche und kann in Eiskernen, Sedimenten, Stalagmiten und Baumringen nachgewiesen und gemessen werden. **Die Beryllium-10- Konzentration verhält sich umgekehrt proportional zur Sonnenintensität.** Das liegt daran, dass die Sonne die Erde vor der kosmischen Strahlung abschirmt. Durch das die Sonne umgebende elektrische Feld, die Heliosphäre, werden die kosmischen Strahlen auf dem Weg zur Erde abgelenkt. Je höher die Sonnenintensität, desto stärker ist das elektromagnetische Feld. Ist die Sonnenaktivität stark, so lenkt die Heliosphäre mit ihrem entsprechend starken elektromagnetischen Feld die kosmische Strahlung auf dem Weg zur Erde auch stark ab. Ist sie dagegen schwach, bedeutet dies eine Zunahme der kosmischen Strahlung und eine Erhöhung der Beryllium-Produktion in der Atmosphäre. So ist die kosmogene Be-10-Isotopen Konzentration, die sich in Messungen in den oben genannten Archiven widerspiegelt, ein wichtiges Maß zur Beurteilung der Sonnenaktivität in vergangenen Zeiten. Durch die hohe Halbwertszeit können wir mit ihr über Milliarden von Jahren zurückblicken. Die Sonnenzyklen jedoch, auf die ich in einem späteren Kapitel eingehen werde, sind mit derartig niedrigen Schwankungen der Sonnenintensität verbunden, dass sie sich dieser Messmethode entziehen.

Eine **direkte Messung der Sonnenaktivität** per Satelliten findet erst seit 1978 statt. Die Messung der Gesamtstrahlung der Sonne (**T**otal **S**olar **I**rradiance, **TSI**) wird am Oberrand der Atmosphäre durchgeführt. Die gemessenen Schwankungen der TSI um 0,1 % im Rahmen der bekannten Sonnenzyklen sind zu gering, um Auswirkungen auf das Klima haben zu können. Deutlich höhere Aktivitätsschwankungen werden nur beobachtet, wenn sich mehrere Zyklen überlagern. Die in Fallstudien mehrfach belegten solaren Klimaeffekte müssen somit andere Ursachen haben. Es werden in Verbindung mit den solaren Aktivitätsschwankungen deutlichere Veränderungen der UV- Strahlung (um 4 bis 8 %) und noch **deutlichere Veränderungen der kosmischen Strahlung (bis zu 20 %)** registriert. Die kosmische Strahlung scheint eine wichtige Rolle bei der Bildung von Wolkenschichten in rund 3000m Höhe zu spielen (s. S. 175ff).

Untersuchungsergebnisse

Es ist gesichert, dass die Sonnenaktivität seit der Erdentstehung bis heute um etwa 30 % zugenommen hat (s. Abb. 13).

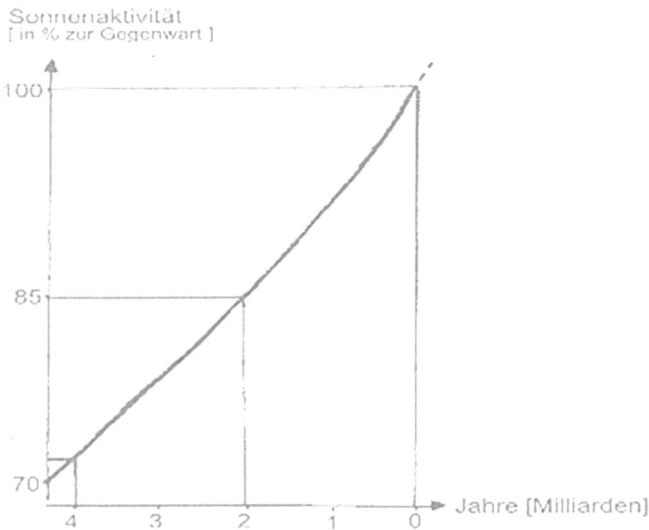

Abb. 13: Die Stärke der Sonnenaktivität seit der Entstehung der Erde
(eigene Darstellung nach Ribas, 2010)

6. Bestimmung von Treibhausgasen

Von besonderem Interesse wegen ihrer Treibhauswirkung sind die Spurengase Kohlendioxid (CO_2), Methan (CH_4), Lachgas (N_2O) und Ozon (O_3). Zur Bestimmung ihrer atmosphärischen Konzentration werden folgende **Messmethoden** angewendet:

Analyse von Treibhausgasen in Eisbohrkernen

Die atmosphärische Konzentration der Treibhausgase kann in Eisbohrkernen ermittelt werden, denn im Eis sind Luftbläschen vergangener Zeiten eingeschlossen. In sehr kalten Inlandgebieten wie in **Grönland** oder der **Antarktis** wird mehrere Kilometer in die Tiefe gebohrt, bis zu den Eisschichten, in denen nichts auftaut und wiedergefriert. Erst ab einer Tiefe von 100 Metern gibt es eine sichere Zuordnung der Luftbläschen zum Alter der Eisschichten, da die oberen Schnee-/Eisschichten noch recht frei zirkulieren können. Das könnte eine Durchmischung mit späteren Lufteinschlüssen zur Folge haben. Erst mit zunehmender Tiefe kommt es unter dem stärkeren Druck zu einer immer höheren Verdichtung. In den ersten 100 Metern nimmt der Luftanteil mit der Tiefe entsprechend ab, der Eisanteil zu. Erst ab 100 Metern Tiefe sind die Luftbläschen dann weitgehend eingeschlossen. Diesen Prozess bezeichnet die Wissenschaft als **Schneemetamorphose** (s. Abb. 14).

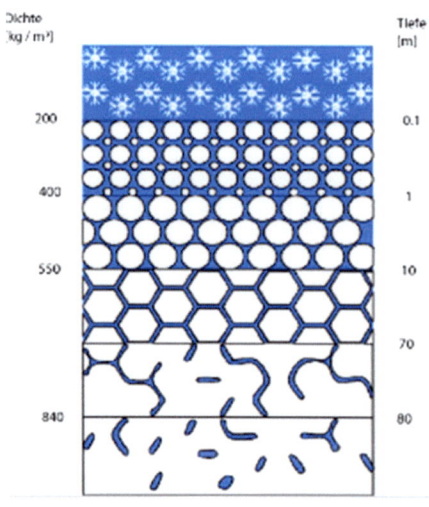

Abb. 14: Schematische Darstellung des Prozesses der Schneemetamorphose in einer polaren Schneedecke, blau= Luft, weiß= Schnee bzw. Eis (Kuhs et al., 2000)

Mit Hilfe der **Analyse von Luftbläschen in Eisbohrkernen** ist bisher eine **Rückschau bis zu 800.000 Jahren** möglich.

Delta-C13-Methode an Fossilien

Mit dieser Methode ist **ein Rückblick über 800000 Jahre hinaus** möglich. Die Bestimmung der atmosphärischen CO_2-Konzentration erfolgt über Untersuchungen an **Fossilien.** Die Delta-C13-Signatur gibt das Verhältnis der stabilen Kohlenstoffisotope C13 und C12 wieder**. Die isotopische Zusammensetzung des aus einem Fossil entnommenen Materials entspricht dem Isotopenverhältnis der atmosphärischen Umgebung.** Als Vergleichswerte werden Messwerte aus Belemniten, Kopffüßlern in der Kreidezeit, in Kalifornien herangezogen. Das Isotopenverhältnis C13 zu C12 ist bei diesen ist 1,01 zu 88,99 und stellt das **Standart- Isotopenverhältnis** dar. Die CO_2-Konzentration in der Erdatmosphäre zur Zeit des Probefossils kann nun rekonstruiert werden, denn der Quotient aus Probe-Isotopenverhältnis und Standart-Isotopenverhältnis -die sogenannte Delta-C13-Notation- ist auf die seinerzeitige Atmosphäre übertragbar und gibt Auskunft über den CO_2-Luftgehalt zu jener Zeit. **Das Alter der vorgefundenen Fossilien wird über das Alter des sie umschließenden Gesteins ermittelt**.

Allerdings ist bei pflanzlichen Fossilien zu berücksichtigen, dass durch die Photosynthese Delta-C13 verändert ist, weil bei dieser bevorzugt, das leichtere Isotop C12 verstoffwechselt wird und deshalb C13 in pflanzlichen Fossilien erhöht ist. Dieser Tatsache muss über eine entsprechende Kalibriertabelle oder -kurve Rechnung getragen werden.

Moderne Vermessung der Atmosphäre (seit etwa 1950)

Die direkte Bestimmung der atmosphärischen Treibhausgaskonzentrationen erfolgt inzwischen über ein **weltweites Netzwerk von Messstationen**. Erst **seit den 1950er**- Jahren wird die CO_2- Konzentration in der Erdatmosphäre kontinuierlich und direkt am Vulkan Mauna Loa auf Big Island, der größten Inselgruppe von **Hawaii**, gemessen. Diese Messungen sind eng mit dem Namen des Wissenschaftlers Charles Keeling verbunden. Die längste kontinuierliche Messreihe wird als sogenannte **Keeling-Kurve** bezeichnet. Eine wichtige deutsche Messstation ist auf der Zugspitze.

Atmosphärische Treibhausgas-Konzentrationen in der fernen Vergangenheit bis zur Gegenwart

In der ersten Milliarde Jahren nach der Entstehung unserer Erde war die atmosphärische CO_2-Konzentration noch massiv erhöht.

Vor 500 Millionen Jahren hatte die Atmosphäre noch eine CO_2-Konzentration von 6000 ppm (s. Abb. 15). Damals waren die Temperaturen um etwa 8°C höher als heute. Die Luft bestand noch zu 80 % aus Kohlendioxid, dessen Quelle Vulkane waren. Seit 500 Millionen Jahren verringerte sich die CO_2- Konzentration rapide und stetig. Warum? Weil folgende CO_2- Senker zu wirken begannen: durch Bindung von CO_2 in Kalkstein, Fotosynthese- und Atmungskettenprozesse in Pflanzen sowie durch Einbau von Kohlenwasserstoffen in pflanzliche und tierische Gerüste.

Vor 100 Millionen Jahren – in der Zeit der Dinosaurier – war die CO_2- Konzentration schon deutlich niedriger, aber noch immer um ein Vielfaches höher als heute.

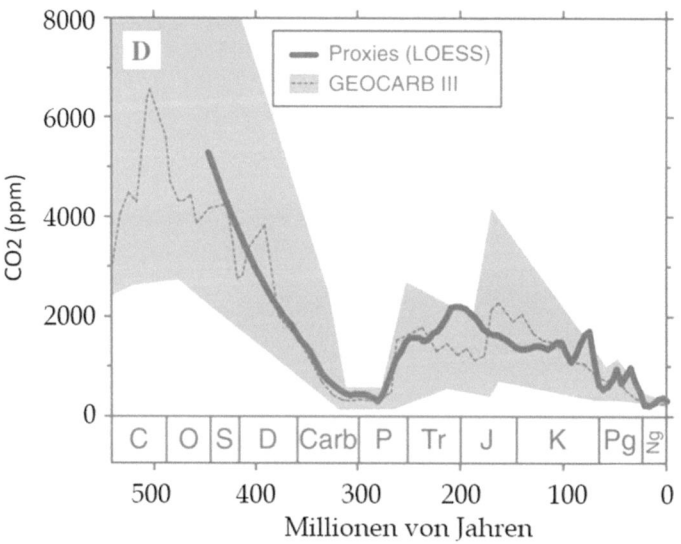

Abb. 15: Entwicklung des Kohlendioxidgehaltes seit 500 Millionen Jahren (nach Royer, 2006)

Während des letzten Eiszeitalters, des Pleistozäns, (also seit 2,6 Millionen Jahren) stellte sich ein wellenförmiger Verlauf der CO_2- Konzentration ohne große Ausreißer ein: **In den Kaltzeiten lagen die Werte bei circa 180 ppm, in den Warmzeiten bei circa 280 ppm.** In Abb. 16 sind diese Schwankungen während der letzten 800.000 Jahre eindrucksvoll dargestellt. Die Temperatur spielt demnach für die atmosphärische CO_2-Konzentration eine wichtige Rolle (s. Abb. 20).

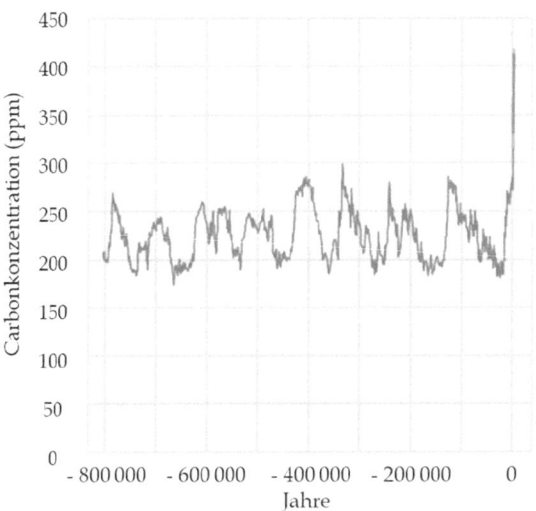

Abb. 16: CO_2-Gehalt in der Atmosphäre in den letzten 800000 Jahren (nach United States Environmental Protection Agency, 2023)

Die atmosphärische CO_2-Konzentration seit 1750

Seit Beginn der Industrialisierung ist die atmosphärische CO_2- Konzentration deutlich angestiegen, und zwar um etwa 140 ppm. Dieser Anstieg ist vorwiegend auf anthropogene Emissionen aus fossilen Verbrennungen zurückzuführen. Nur ein Teil ist die Folge von Waldvernichtungen und der Ausgasung von CO_2 aus den Ozeanen und anderen Gewässern, bedingt durch die Temperaturerhöhung (s. Abb. 17)

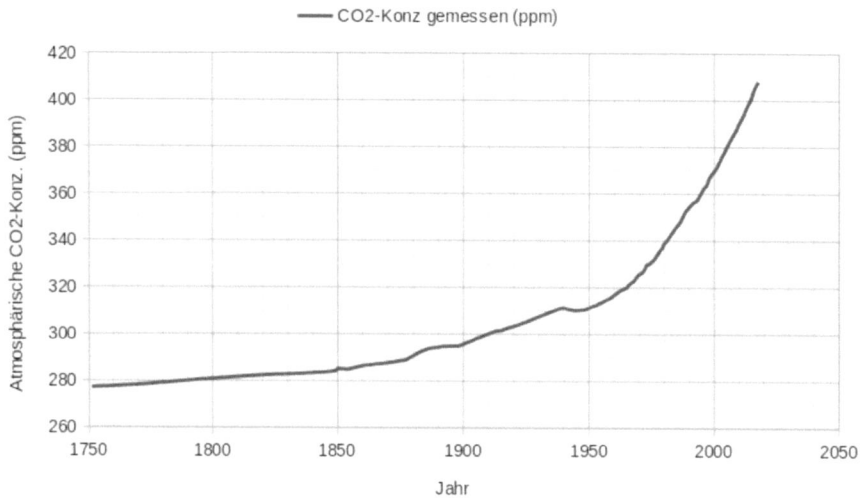

Abb. 17: Der atmosphärische Gehalt von Kohlendioxid von 1750 bis heute (Glinzer, o.J.)

Die dargestellten Messwerte basieren bis 1958 auf der Analyse von Eisbohrkernen und danach auf **direkten Messungen**, die **seit 1958** auf dem Mauna Loa,Hawaii, durchgeführt werden und seit 1950 der Keeling-Kurve (s. Abb. 19) entsprechen.

Was bedeutet diese Kurve?

Halten wir zunächst die Parameter fest, die das Basisniveau und den Verlauf bestimmen:

1. der CO_2-Basiswert von 1750
2. die jährlichen anthropogenen CO_2-Emissionen
3. die jährliche Steigerung der atmosphärischen CO_2-Konzentration.
4. die (natürliche) CO_2-Aufnahmekapazität

zu1: **Der vorindustrielle atmosphärische CO_2- Basiswert liegt bei 280 ppm,** wie zuvor bereits dargestellt.

Zu 2: **Die jährlichen, anthropogenen CO_2-Emissionen werden nicht gemessen, sondern berechnet**. Sie werden in Millionen Tonnen oder in Milliarden Tonnen (Gigatonnen = GT) angegeben (s. Abb. 18). Sie sind nicht messbar, denn hierfür müssten Sensoren an Abermillionen Auspuffen, Fabrikschloten, Schornsteinen von Heizungsanlagen und Kaminen installiert werden. Stattdessen wird der jährliche CO_2-Ausstoß berechnet: Wie viele Kilometer fahren zum Beispiel alle Fahrzeuge im Jahr und wie hoch ist ihr Durchschnittsverbrauch pro Kilometer, also ein Mix aus Benzinern, Dieselfahrzeugen und Hybriden. Wie viel Kohle verfeuert ein Stromerzeuger oder wie viel Erdgas benötigt ein Chemiewerk? Gegenwärtig haben sich 44 Industrieländer gemäß der Klimarahmenkonvention zur Berichterstattung verpflichtet. Die CO_2- Emissionen der Schwellenländer werden »interpoliert«: die Schätzung eines Wertes im Rahmen bekannter Werte. Derzeit liegen die jährlichen anthropogenen CO_2- Emissionen weltweit bei 36 Gigatonnen. Aus der jährlich geschätzten CO_2-Emission kann über einen Umrechnungsfaktor die jährlich hinzugekommene atmosphärische CO_2-Konzentration berechnet werden: CO_2-Konzentration in GT x 0,128 = CO_2-Konzentration in ppm. Hier ein Rechenbeispiel mit der berechneten durchschnittlichen jährlichen CO_2-Emission: 36 GT x 0,128= 4,608 ppm, davon werden etwa 50 % von Ozeanen u. Wäldern aufgenommen. In der Luft verbleiben 2,3 ppm. Das entspricht der jährlichen Steigerungsrate der atmosphärischen CO_2-Konzentration. Umgekehrt kann aus der jährlichen Steigerung der atmosphärischen CO_2-Konzentration die jährliche CO_2-Emission ermittelt werden.

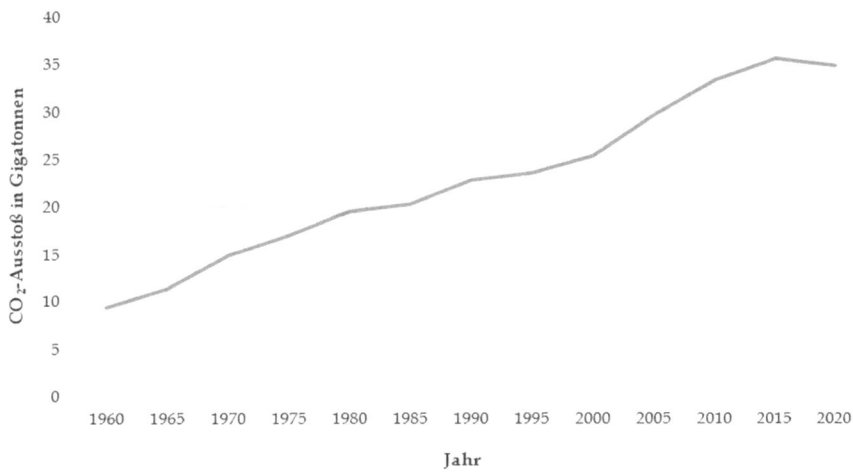

Abb. 18: Die CO_2-Emissionen von 1960 bis 2020 in Gigatonnen (eigene Darstellung nach Global Carbon Project, 2022)

Zu 3: Die **atmosphärische CO_2-Konzentration wird in einem Netz von Messstationen bestimmt und in ppm angegeben**. Die **jährlichen Steigerungsraten** (Jahreswerte) schwankten in den letzten Jahren **zwischen 2,2 ppm und 3,2 ppm.**

In der nachfolgenden Tab. 1 sind die **geschätzten** jährlichen CO_2-Emissionen, die **gemessenen** jährlichen atmosphärischen CO_2-Konzentrationen und die jährlichen Steigerungsraten der atmosphärischen CO_2-Konzentation dargestellt.

Jahr	Berechnete jährliche CO_2-Emission [in Gt]	gemessene atmosphärische CO_2-Konzentration [in ppm]	jährliche Steigerungs-raten der atmosph. CO_2-Konzentration Jahres-werte [in ppm]
2015	35,5	400,1	2,4
2016	35,5	403,3	3,2
2017	36,9	405,5	2,2
2018	36,6	407,8	2,3
2019	36,4	410,5	2,7
2020	35,0	413,2	2,7

Tab. 1: Jährliche anthropogene CO_2-Emissionen, atmosphärische CO_2-Konzentrationen und Steigerungsraten (von 2015-2020)

Die monatlichen Messwerte des CO_2-Gehaltes in der Luft auf dem Vulkan Mauna Loa auf Big Island, Hawaii, zeigen einen interessanten Jahreszyklus. Mit einer zeitlichen Verzögerung von etwa drei Monaten spiegelt sich der Vegetations-zustand auf der Nordhalbkugel unserer Erde wider. Es gibt demnach eine recht prompte Reaktion in der Atmosphäre.

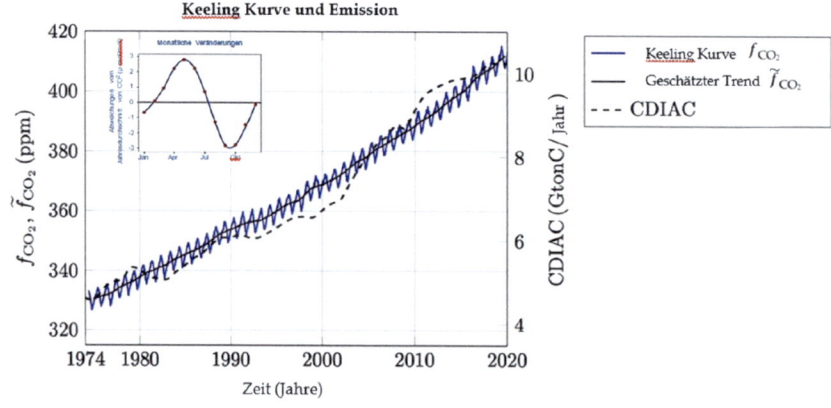

Abb. 19: Die Keeling Kurve (nach Nordebo et al., 2020)

Zu 4: Die jährliche Zunahme der atmosphärischen CO_2-Konzentration ist Ausdruck der Differenz zwischen der jährlichen anthropogenen CO_2-Emission minus der jährlichen Bindung in den natürlichen CO_2 Senkern, den Ozeanen und Wäldern. Die gemessene atmosphärische CO_2-Konzentration zeigt somit im Vergleich zu der errechneten CO_2-Konzentration (s. o.) indirekt an, wieviel Prozent von den CO_2-Senkern aufgenommen wird. **Von den oben angegebenen jährlich emittierten etwa 36 CO_2 Gigatonnen wird etwa die Hälfte von den Gewässern, der Vegetation und auch den Gesteinen (per Verwitterung) aufgenommen.** Eine CO_2-Null-Emission zum Abbau der anthropogenen CO_2-Gesamtemission von z. Zt. ca. 140 ppm seit dem Jahr 1750 wäre somit nicht nötig. Es würde nur ein wenig länger dauern. Dieser Überlegung würde allerdings das sogenannte BERN-Modell widersprechen, bei dem nur die Hälfte der atmosphärischen CO_2- Konzentration durch oberflächlich Schichten der Ozeane und der Wälder schnell, also innerhalb einiger Jahrzehnte, aufgenommen wird. Die andere Hälfte würde durch tiefere Ozeanschichten erst in Hunderten bis eintausend Jahren aufgenommen oder per Gesteinsverwitterung gar erst in zehntausenden von Jahren gebunden. Nach diesem Modell befänden sich nach 1.000 Jahren immer noch 10 bis 40 % der ursprünglichen CO_2-Konzentration in der Atmosphäre. Dieses Modell ist allerdings nicht unumstritten, wird aber vom IPCC favorisiert.

Die atmosphärische CO_2-Konzentration folgt der Globaltemperatur

Während des gegenwärtigen Eiszeitalters (Pleistozän) zeigt sich eine lineare Beziehung zwischen der atmosphärischen CO_2-Konzentration und der Globaltemperatur, wobei **die CO_2-Konzentration der Temperatur um etwa 1000 Jahre hinterherhinkt**. Wie die Abb. 20 demonstriert, konnte dies für die letzten 800.000 Jahre anhand von Untersuchungen an Eisbohrkernen ermittelt werden.

Seit Beginn der Industrialisierung mit ihren enormen CO_2-Emissionen, die atmosphärische CO_2-Konzentrationen weit über das normale Ausmaß der Warmzeit zur Folge haben, folgt jedoch die Globaltemperatur (auch) der atmosphärischen CO_2-Konzentration.

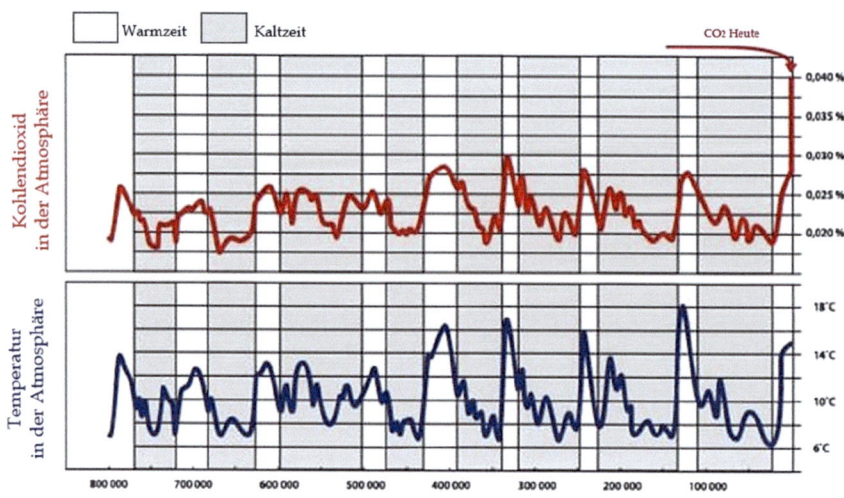

Abb. 20: Atmosphärischer Kohlendioxid-Gehalt und Temperaturverlauf
während der letzten 800000 Jahre (nach Lüthi et al., 2008)

Wie vormals bereits dargestellt, liegt die zentrale Ursache für die regelmäßigen Temperaturschwankungen, die seit einer Million Jahren den 100.000-jährigen Milanković-Zyklen folgten, in den sich verändernden Erdbahnparametern wie Exzentrizität, Obliquität und Präzession. Allerdings sind die erheblichen Temperaturschwankungen zwischen Kalt- und Warmzeiten nicht allein durch den Sonneneinfluss erklärbar. Denn dieser bewirkt, wie schon erwähnt, Temperaturschwankungen von maximal 0,5°C. Die globalen durchschnittlichen Temperaturschwankungen zwischen den Kalt- und Warmzeiten liegen aber bei circa 6°C. **Es sind vielmehr Rückkopplungsmechanismen, die die Wirkungen der orbitalen Schwankungen verstärken und somit erst zu Kalt- und Warmzeiten führen.** Diskutiert werden auch kosmische Strahlen, deren Menge sich mit der Stärke des solaren Einflusses verändert. Die Veränderungen der Sonneneinstrahlung selbst sind wohl lediglich Auslöser. Aber diesbezüglich gibt es auch andere wissenschaftliche Meinungen (s. später Kapitel VI)

Der enorme zeitliche Verzug des atmosphärischen Kohlendioxidgehaltes auf Veränderungen der Globaltemperatur erklärt sich vor allem aus der **Trägheit der Ozeane**, speziell des atlantischen Ozeans (s. Abb. 21).

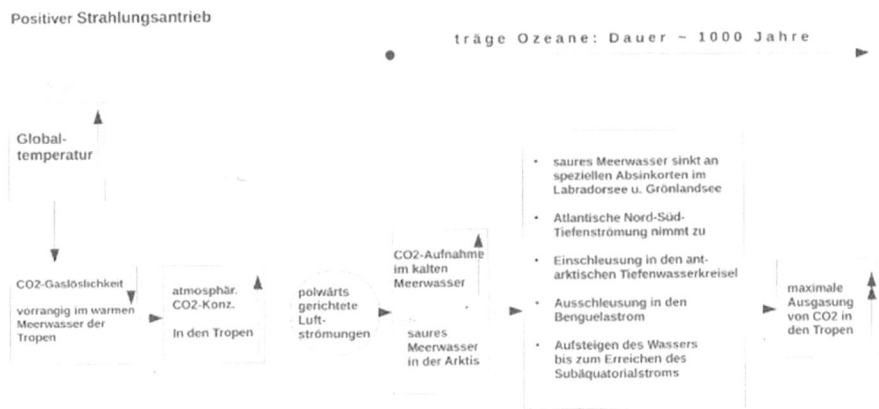

Abb. 21: Die Änderung der atmosphärischen CO_2-Konzentration folgt der Globaltemperatur nach etwa 1.000 Jahren (eigene Darstellung)

Die Globaltemperatur wird grundsätzlich durch den Eintrag von positiven oder negativen Strahlungsantrieben verändert, die von den Klimadirigenten ausgehen (s. Kap. IV).

Im Falle einer erhöhten Globaltemperatur wird vorrangig in den warmen Gefilden wie in den Tropen und Subtropen vermehrt Kohlendioxid von den Gewässern in die Luft ausgegast, und zwar wegen ihrer dort verminderten Gaslöslichkeit, denn je höher die Wassertemperatur ist, desto niedriger ist die Gaslöslichkeit im Wasser. Das kennen wir von Sprudelflaschen. Das in der Luft der warmen Gebiete so angereicherte **Kohlendioxid wird in den kalten, hohen Breiten, vor allem auch im eiskalten Arktischen Ozean, im meereisfreien Wasser gebunden**, und zwar physikalisch oder im chemischen und biologischen Puffer (s. Abb. 57). Das nun saure, kalte Meerwasser sinkt an den speziellen Absinkorten des Arktischen Ozeans, die im Labradorsee oder Grönlandsee des Nordmeeres liegen (s. S. 79, »Die globalen Meeresströmungen«) in die Tiefe, um als Boden- oder Tiefenströmung den langen Weg von Nord nach Süd durch den gesamten Atlantik anzutreten und schlussendlich in den Antarktischen Bodenwasserkreisel einzumünden (s. Abb. 38). Von dort steigt das saure Meerwasser, vermischt mit dem Wasser der anderen Ozeane und der antarktischen Absinkorte, auf dem Weg zum Südäquatorialstrom zunehmend auf. In den warmen tropischen Gefilden wird das Kohlendioxid nun wieder in großen Mengen ausgegast.

Der lange Weg von den Absinkorten in der Arktis bis in die Tropen dauert rund 1.000 Jahre und macht den Zeitversatz zwischen der Temperatur- und der CO_2-Kurve aus.

Die atmosphärische Methankonzentration

Nach dem Kohlendioxid ist das Methan das zweitwichtigste anthropogene Treibhausgas. Chemisch handelt es sich mit der Formel CH_4 um das kürzeste Alkan. Seine **Klimawirksamkeit ist etwa 30-mal höher als die von CO_2.**
Während der letzten 650.000 Jahre schwankte die Methankonzentration zwischen 400 und 700 ppb (parts per billion) während der Kalt- bzw. Warmzeiten bis hinein in die jetzige Warmzeit, das Holozän (s. Abb. 22).

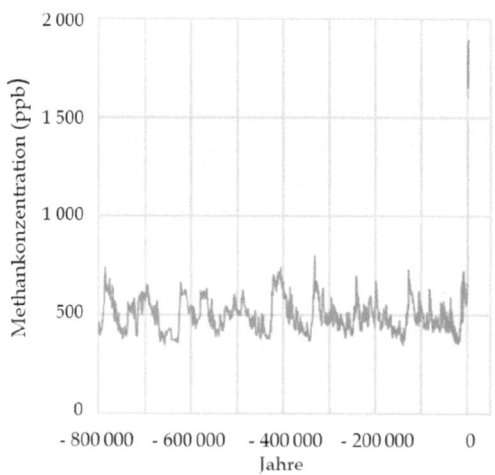

Abb. 22: Die atmosphärische Methankonzentration während der letzten 800.000 Jahre (nach United States Environmental Protection Agency, 2023)

Seit circa 1850 allerdings ist die atmosphärische Methankonzentration von 730 ppb auf fast 1900 ppb gestiegen. Das ist der höchste Stand seit mindestens 800.000 Jahren. Die Ursachen hierfür werden später erläutert (s. S. 126ff). Die atmosphärische Methankonzentration ist ebenso wie die atmosphärische Kohlendioxidkonzentration stark von der Temperatur abhängig (s. Abb. 23 und Abb. 26).

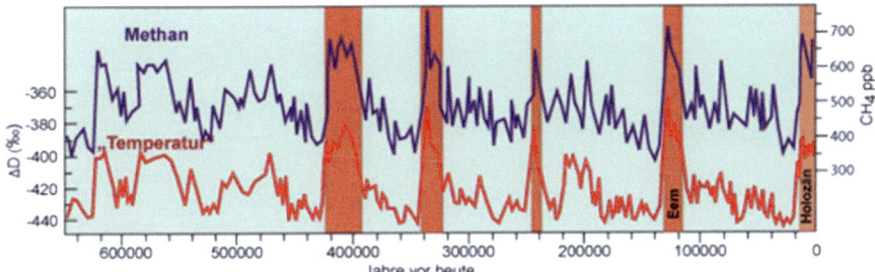

Abb. 23: Die atmosphärische Methankonzentration und die globale Temperatur während der letzten 640.000 Jahre. (Kasang, 2009 nach Spahni,R. et al 2005)

Die atmosphärische Lachgaskonzentration

Lachgas ist chemisch Distickoxid mit der chemischen Formel N_2O.

Seine **Treibhauswirkung pro Molekül ist etwa 300-mal stärker als die von Kohlendioxid**. Eiskernbohrungen haben ergeben, dass Lachgas in der vorindustriellen Zeit, zumindest während des Holozäns, bei ca. 270 ppb (parts per billion) lag. Seit dem Jahre 1800 ist die Konzentration in der Troposphäre deutlich auf 330 ppb angestiegen (s. Abb. 24), und zwar vorwiegend aufgrund der Intensivierung von Stickstoffdüngung und Viehwirtschaft (s. S. 129ff).

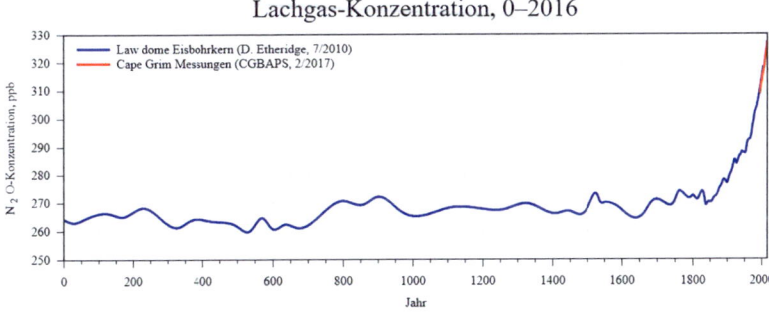

Abb. 24: Die atmosphärische Lachgaskonzentration während der letzten 2.000 Jahre (Eiskernbohranalysen, Messungen am Kap Grim (Australien), NOAA, März 2017)

Die atmosphärische Lachgaskonzentration ist ebenso wie die Kohlendioxid- und Methankonzentration stark von der Globaltemperatur abhängig (s. Abb. 27).

Die atmosphärische Ozonkonzentration

Die chemische Formel für Ozon ist O$_3$. Ozon hat eine Doppelfunktion: Das natürliche **Ozon in der Stratosphäre** (in 12.000 bis 50.000 m Höhe) fungiert als Schutzschild gegen die UV-Strahlen des Sonnenlichts. Damit schützt es vor Hautkrebs und Augenkrankheiten. Das überwiegend anthropogene **Ozon in der Troposphäre** (von der Erdoberfläche bis in 12.000 m Höhe) **ist jedoch ein wichtiges Treibhausgas mit einer 300fach höheren Klimawirksamkeit als Kohlendioxid** (s. S. 132ff)**.** Während das stratosphärische Ozon per Aufspaltung von molekularem Sauerstoff durch harte UV-Strahlen entsteht, bildet sich das **troposphärische Ozon aus Vorläufersubstanzen** wie **Stickoxiden NOx, Kohlenmonoxid CO und** einer Vielzahl von flüchtigen organischen Verbindungen. Diese Vorläufersubstanzen sind größtenteils menschgemacht. Die **Haltbarkeit des troposphärischen Ozons** liegt bei **nur etwa 1 Woche**, erst ab einer Höhe von 8.000 m bei mehreren Wochen. Wegen der relativ kurzen Lebensdauer ist das Ozon unregelmäßig um den Globus verteilt. Die gesamte Menge des troposphärischen Ozons ist deshalb schwer abschätzbar.

Da das Mengenverhältnis zwischen dem stratosphärischen und dem troposphärischen Ozon mit 90 % zu 10 % bekannt ist, können wir aus Satellitenmessungen des stratosphärischen Ozons die Menge des troposphärischen Ozons ableiten. Sie liegt bei 50 ppb und verändert sich über die letzten Jahrzehnte kaum (s. Abb. 25).

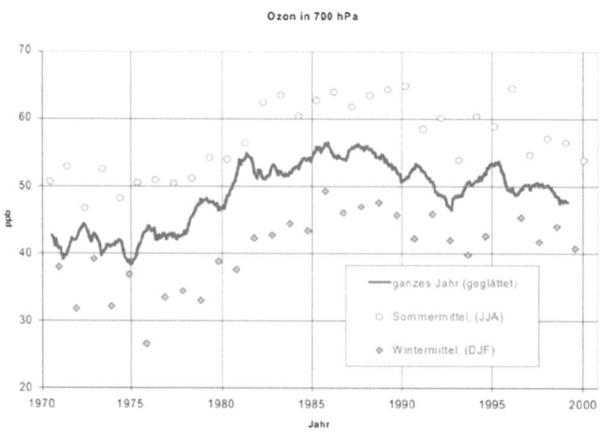

Abb. 25: Langzeitverlauf von Ozon in der freien Troposphäre über Hohenpeißenberg in 700 hPa, entsprechend etwa 3.000m Höhe (nach Claude, 2001)

Für die direkte Messung des bodennahen Ozons dienen stationäre Messstationen, Schiffe und niedrig fliegende Flugzeuge. Die Ermittlung von vertikalen Profilen wird mit sogenannten Ozonsonden vorgenommen.

Zusammenfassende Darstellung der Treibhausgase

Die atmosphärischen Konzentrationen von CO_2, CH_4 und N_2O sind seit circa 1800 deutlich gestiegen (s. Abb. 26).

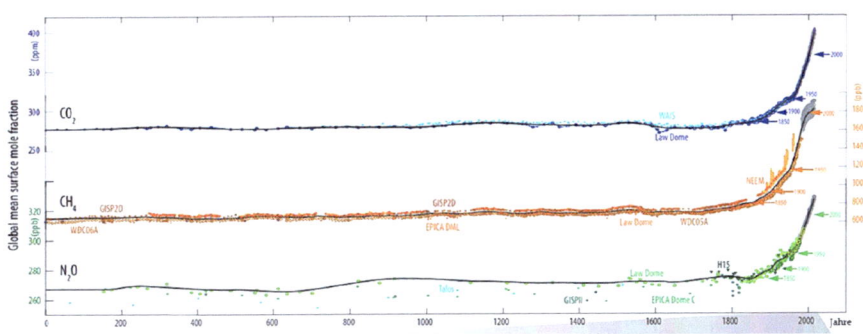

Abb. 26: Die atmosphärische Konzentration wichtiger Treibhausgase in den letzten 2.000 Jahren (nach Meinshausen et al., 2017)

Eisbohrungen im Rahmen des europäischen Forschungsprojektes EPIKA (European Project for Ice Coring in Antarctica) haben während der letzten 800.000 Jahre eine starke Linearität zwischen der atmosphärischen Konzentration der Treibhausgase CO_2, CH_4, N_2O und den Globaltemperaturen im Rhythmus der Milanković-Zyklen ergeben (s. Abb. 27).

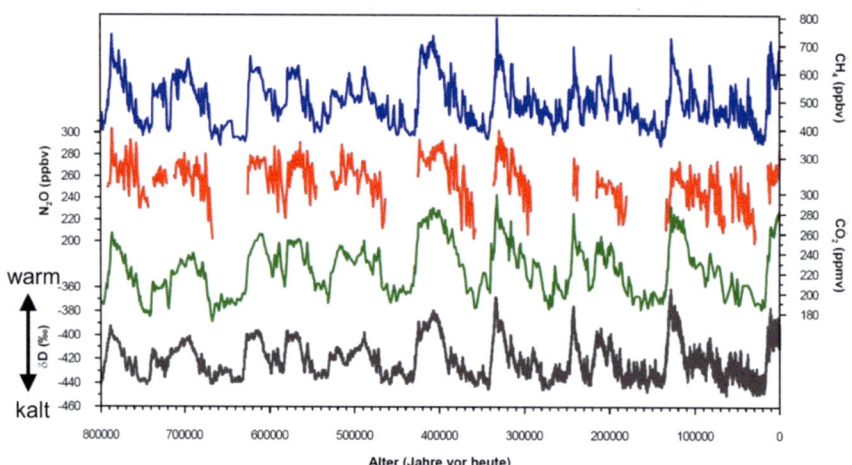

Abb. 27: Die atmosphärischen Konzentrationen der Treibhausgase CO₂, CH₄, N₂O und der Temperaturverlauf in den letzten 800.000 Jahren. (Spahni et al, 2005).

Die nachstehende Tab. 2 fasst Informationen über die vier wichtigsten Treibhausgase zusammen.

	Atmosphärische Konzentration				
	vorindustriell	aktuell	Treibhaus-potenzial	Strahlungsan-trieb (W/m²) (Strahlungs-antrieb ent-spricht IPCC 2019)	Verweildauer in der Atmo-sphäre
CO₂	~280 ppm	~420 ppm	1	1.66 62%	~ 120 Jahre*
CH₄	~730 ppb	~1900 ppb	~30	0.5 18%	11 Jahre
N₂O	~270 ppb	~330 ppb	~300	0,16 6%	110 Jahre
O₃	?	~50 ppb	~300	0,35 13%	In Bodennähe 1: Woche In 8000m Höhe: mehrere Wo.

Tab. 2: Übersicht über die wichtigsten anthropogenen Treibhausgase (nach IPCC, 2021).

Das Wichtigste in Kürze!

o Die atmosphärische Konzentration von Treibhausgasen wird für die letzten 800.000 Jahre aus der Analyse von Eisbohrkernen ermittelt.

o Die atmosphärische Konzentration von Kohlendioxid, Methan und Lachgas verhält sich linear zur Globaltemperatur:

o Der CO_2-Luftgehalt folgt der Globaltemperatur in einem Zeitversatz von etwa 1.000 Jahren, was mit der Trägheit der Ozeane zusammenhängt.

o Seit etwa Mitte des zwanzigsten Jahrhunderts wird der Luft-Gehalt der Treibhausgase direkt gemessen.

o Der Gehalt an Treibhausgasen ist mit Beginn der Industrialisierung massiv angestiegen.

o Seither folgt die Globaltemperatur (offenkundig) dem Luftgehalt des Treibhausgase.

II. KLIMAEQUIPMENT

innere Dynamik, äußere Antriebe

Voraussetzung für das Verstehen des Klimasystems ist unser Wissen über die elektromagnetischen Wellen mit ihren unterschiedlichen Wellenlängen (UV-, Licht- und Infrarotstrahlen) und die damit verbundenen speziellen Eigenschaften in der Atmosphäre und an der Erdoberfläche.

1. Grundlagen

Der Hauptakteur unseres Klimasystems ist die Sonne, die ihre Strahlungsenergie in Form von elektromagnetischen Wellen an die Erde sendet. Allerdings ist die **Atmosphäre**, die unsere Erde umgibt, die Grundvoraussetzung für unser warmes Klima mit einer globalen Durchschnittstemperatur von aktuell circa 15°C. **Ohne die Atmosphäre hätten wir auf der Erde eine Temperatur von -18°C. Für unser warmes Klima sorgt der natürliche Treibhauseffekt, der von Wasserdampf und den Spurengasen Kohlendioxid, Methan, Lachgas und Ozon in einer Höhe von etwa 6.000m erzeugt wird.**

Die Sonne entsendet aufgrund ihrer extrem hohen Temperaturen von etwa 5.700°C elektromagnetische Wellen überwiegend im kurzwelligen Bereich mit einer Energie von **1368 Watt pro Quadratmeter** bei senkrechtem Auftreffen auf unsere Atmosphärenoberfläche, was einem gedachten Empfang dieser Strahlungsleistung am irdischen Querschnitt (auf Äquatorhöhe) entspräche. Dieser Wert wird als **Solarkonstante** bezeichnet. Nun ist es aber so, dass **im Gesamtdurchschnitt nur 342 Watt pro Quadratmeter** die Atmosphärenoberfläche erreichen. Wie kommt das? Das liegt daran, dass es immer eine sonnenabgewandte Nachtseite jeweils einer Erdhälfte gibt, auf der es logischerweise zu keinem Energieeintrag kommt- es scheint dann da ja keine Sonne. Zum anderen hat die Kugelgestalt der Erde zur Folge, dass die Sonnenstrahlen nur in Äquatornähe vertikal auftreffen und polwärts immer schräger. Die von der Sonne ausgesandten elektromagnetischen Wellen werden an den Oberflächen bzw. Schichten der Atmosphäre und der Erdoberfläche reflektiert und/oder absorbiert (aufgenommen). **Nur im Falle der Absorption entsteht Wärme.**

Reflexion und Absorption befinden sich in der Gesamtheit gewöhnlich in einer stabilen Balance. Daraus resultiert ein ausgeglichener Energie- haushalt, der eine konstante mittlere Globaltemperatur auf Erden sicher- stellt.

Wir sprachen oben von der Solarkonstante. Hier muss nun etwas geklärt werden. Die an der sonnenzugewandten Atmosphärenoberfläche gemessene solare Strahlungsenergie ist entgegen ihrer Bezeichnung als »Solarkonstante« nicht immer konstant: Sie unterliegt seit der Geburt unserer Erde typischen zyklischen Schwankungen -zusätzlich zu ihrer langsamen und stetigen Zunahme. Diese sind entweder auf Energieschwankungen der Sonne selbst, den solaren Intensitätszyklen, kurz Sonnenzyklen genannt, oder auf die Himmelsmechanik zurückzuführen und haben Auswirkungen auf die irdische Energiebilanz.

Das Ausmaß von positiven oder negativen Energieeinträgen in den Ener- giehaushalt und die damit verbundene Änderung der irdischen Energiebilanz wird als **Strahlungsantrieb** mit der Einheit W/m^2 bezeichnet. Wir sprechen von positiven oder negativen Strahlungsantrieben.

Seit dem Beginn der Industrialisierung gibt es nicht nur **natürliche Strah- lungsantriebe** durch die soeben angeführte Himmelsmechanik, die Sonnen- und Ozeanzyklen oder auch Vulkanausbrüche und Asteroideneischläge, sondern auch **menschgemachte Strahlungsantriebe** durch die Emission anthropo- gener Treibhausgase und Aerosole oder Veränderungen der Vegetation und des Erdbodens. Ein komplexes Rückkopplungssystem managt die daraus resul- tierenden Impulse.

2. Absorption, Reflexion, Albedo

Absorption (absorbere: lat. aufsaugen, einschlürfen) bedeutet in diesem Zu- sammenhang die Energieaufnahme aus elektromagnetischen Wellen von einem gasförmigen, flüssigen oder festen Stoff. Um zu verstehen, was genau passiert, müssen wir den physikalisch-chemischen Hintergrund ansehen.

Die Atome und Moleküle eines Materials nehmen nur exakt passende kleine Energiepakete auf. Energieabgabe und -aufnahme unterliegen also dem »Schlüssel-Schloss-Prinzip».

Die elektromagnetischen Wellen sind in der Lage, solche kleinen Energiepakete abzugeben. **Die Energiemenge hängt unmittelbar von der Wellenlänge bzw. der Frequenz ab.** Die Frequenz entspricht dem Kehrwert der Wellenlänge.

Die kleinen Energiepakete des sichtbaren Lichts werden als **Photonen** oder auch **Lichtquanten** bezeichnet und **bewegen sich mit Lichtgeschwindigkeit fort**, also mit circa 300.000km pro Sekunde.

Wenn der Energiebedarf des Materials exakt der Energie solcher Energiepakete seitens der auftreffenden elektromagnetischen Strahlen entspricht, werden die Energiepakete aufgenommen, also absorbiert.

Wenn es sich um **Lichtstrahlen** handelt, führt die Energieaufnahme zum **Springen eines Elektrons in eine höhere Umlaufbahn** bei den Atomen des Materials (z.B. an der Erdoberfläche). Wir sprechen dann von einem **Elektronen- oder auch Quantensprung** (s. Abb. 28).

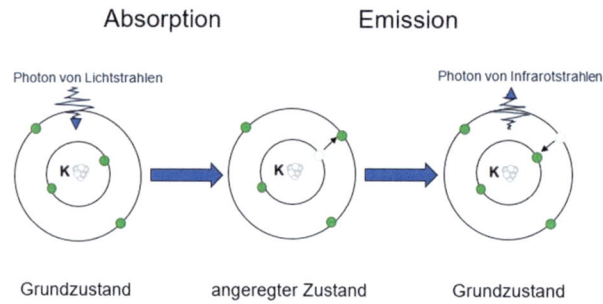

Abb. 28: Die Absorption und Emission von Photonen (eigene Darstellung)

Bei der spontanen Rückkehr der Atome in ihren Ausgangszustand (=Grundzustand) wird die Energie eines Photons in der Regel als Wärmestrahlung in Form von Infrarotwellen freigesetzt. An der Erdoberfläche handelt es sich in diesem Fall um die **terrestrische Rückstrahlung**. Doch dazu gleich mehr.

Treffen dagegen die energieärmeren **Infrarotstrahlen** wie beispielsweise die terrestrischen Strahlen auf einen Stoff, zum Beispiel auf Treibhausgase in der Atmosphäre, so führt die Energiezufuhr im Rahmen der Absorption lediglich zu **verstärkten Schwingungen der Atome in ihren Molekülen, die zu einer Erwärmung der Materie führen, die wiederum Infrarotstrahlung abgibt.** Jene Infrarotstrahlen, die in Richtung Erdoberfläche gerichtet sind, werden als **Gegenstrahlung** bezeichnet. Dazu ebenfalls gleich mehr.

Die Moleküle absorbierender Gase müssen als Voraussetzung drei Atome besitzen, was bei den Treibhausgasen wie H_2O (Wasserdampf), CO_2 (Kohlendioxid), CH_4 (Methan), N_2O (Lachgas) oder O_3 (Ozon) der Fall ist.

Reflexion betrifft das sichtbare Licht. Der Grad der Reflexion hängt von der Helligkeit, der Beschaffenheit der Oberfläche und der Farbe der Materie sowie dem Auftreffwinkel der Lichtstrahlen ab.

Die **Helligkeit der Materie** spielt eine herausragende Rolle. Helle Materialien reflektieren deutlich mehr Sonnenstrahlen als dunkle. Superweiß absorbiert gar keine Sonnenstrahlen, Tiefschwarz dagegen alle. Das wird uns beim Tragen heller oder dunkler Kleidung in der Sonne bewusst.

Die **Oberflächenstruktur der Materie** nimmt ebenfalls Einfluss auf die Reflexion. Glatte Oberflächen reflektieren mehr Sonnenstrahlen als raue oder stärker strukturierte. Bei Letzteren gehen Reflexionen als Streustrahlung verloren.

Aus der **Farbe einer Materie** können wir schließen, welche Wellenlänge des Lichts absorbiert wurde. Denn die wahrgenommene Farbe ergibt sich aus der Mischfarbe der reflektierten Reststrahlung. Anders ausgedrückt: Wir sehen das farbige Licht, das nicht absorbiert wird. Die so wahrgenommene Farbe wird als Komplementärfarbe bezeichnet.

Wird von einer Materie beispielsweise Dunkelblau absorbiert, sehen wir die Materie Gelb, wie bei der Rapsblüte. Grün (Wiesen, Wälder) absorbiert Rot. Das blaue Meer absorbiert Orange, das dunkelblaue Meer Gelb. Tab. 3 zeigt die fehlenden (absorbierten) Farben mit ihren Wellenlängen sowie die dazugehörigen Farben der wahrgenommenen Mischfarbe des Restlichts, der Komplementärfarbe.

Fehlende Farbe im Licht	Wellenlänge nm	Komplementärfarbe (Farbe des Restlichts)
Dunkelblau	430	Gelb
Blau	450	Orange
Grün	505	Rot
Gelb	550	Dunkelblau
Orange	590	Blau
Rot	700	Grün

Tab. 3: Die wahrgenommenen Komplementärfarben nach der Absorption einer Farbe mit einer bestimmten Wellenlänge durch die Materie (eigene Darstellung)

Die Reflexion hängt aber nicht nur von der Beschaffenheit der Materie ab, auf die die Lichtstrahlen treffen, sondern auch vom Auftreffwinkel. **Je flacher der Auftreffwinkel der Lichtstrahlen ist, desto stärker ist die Reflexion.** Die Darstellung verzichtet bewusst auf weitere Gesichtspunkte wie beispielsweise auf die Transmission. Es bleibt dem Leser überlassen, inwieweit er noch sein Wissen vertiefen will.

Das Maß für die Reflexion ist die Albedo. Sie wird entweder als dimensionslose Zahl oder in Prozenten angegeben und entspricht dem Verhältnis von rückgestrahltem zu aufgenommenem Licht. Eine Albedo von beispielsweise 0,3 entspricht 30 % Rückstrahlung. Tab. 4 gibt einen Eindruck von den Albedo-Werten unterschiedlicher Materialien. **Die Stärke der Rückstrahlung ist maßgeblich von der Helligkeit abhängig.** Auf der Erde finden sich enorme Helligkeitsunterschiede der Oberflächen. Asphalt und dunkler Ackerboden haben eine Albedo von nur 7 bis 10 %. Bei frisch gefallenem Schnee dagegen beträgt die Albedo etwa 90 %. Aber auch die Struktur der Oberfläche und der Auftreffwinkel der Lichtstrahlen spielen eine Rolle. **Je heller und glatter die Oberfläche, je kleiner der Auftreffwinkel, desto höher die Reflektion.** Wenn wir zum Beispiel im Flugzeug in großer Höhe fliegen, schauen wir auf eine weiße Wolkenoberfläche, die entweder fast glatt oder stark konturiert erscheint. Dementsprechend schwankt die Albedo zwischen 70 und 80 %. Dünne Wolken hingegen reflektieren die Sonnenstrahlen nur zu 20 bis 30 %.

Material	Prozentuale Reflexion
Frischer Schnee	80 – 95
Alter Schnee	50 – 60
Dicke Wolke	70 – 80
Dünne Wolke	20 – 30
Laubwald	15 – 20
Nadelwald	10 – 15
Asphalt	5 – 10
Wasser (Sonne nahe Zenit)	3 – 5

Tab. 4: Albedo-Werte unterschiedlicher Erdoberflächen (nach Avery & Berlin, 1992)

Bei Wasser ist die Reflexion hingegen stark vom Einfallwinkel der Sonnenstrahlen abhängig. Während die Albedo bei einem Einfallswinkel zwischen 45° und 90° bei 3-5 % liegt, liegt sie bei einem sehr flachen Eingangswinkel von etwa 10° bei immerhin gut 20 %.

Die planetare Gesamtreflexion ist die Summe von allen Reflexionen an der Erdoberfläche, der Wolken und der Aerosolschicht. Ihre Albedo beträgt 30.

3. Sonnenstrahlen

Bei den Sonnenstrahlen handelt es sich um elektromagnetische Wellen mit Wellenlängen von circa 100 bis circa 1.400 Nanometern (nm).

Das für uns **sichtbare Licht** hat Wellenlängen von 380 nm (violett) bis 750 nm (rot) (s. Abb. 29). Die **ultravioletten Strahlen** sind 100 nm bis 380 nm lang, die **kurzen**, auch **nahe Infrarotstrahlen** genannt, 750 nm bis sogar über 1.400 nm lang. Das sichtbare Licht und das Ultraviolettlicht werden als kurzwellige Strahlung, das nahe Infrarotlicht als langwellige Strahlung oder auch Wärmestrahlung eingeordnet.

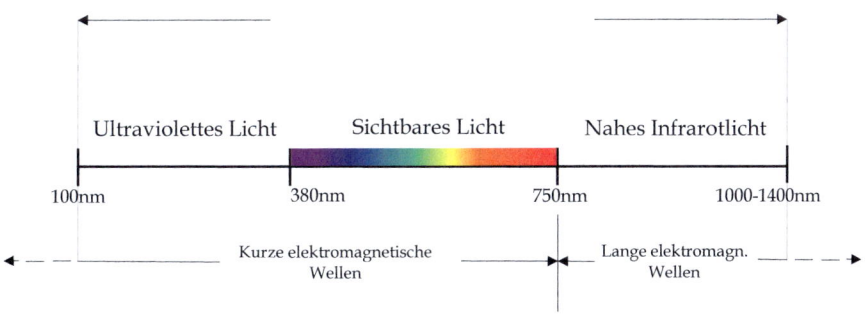

Abb. 29: Die elektromagnetischen Wellen der Sonnenstrahlen (eigene Darstellung)

Die Strahlungsintensität (Menge) im Sonnenlicht verteilt sich etwa wie folgt: 49 % sichtbares Licht, 7 % UV-Strahlen und 37 % kurze Infrarotstrahlen. Die Angaben über Wellenlängen und die Verteilung der Strahlenmengen zueinander fallen in der Literatur sehr unterschiedlich aus. Insbesondere schwanken die Angaben über die langen Wellen an der Grenze des solaren Spektrums erheblich. Das ist damit zu erklären, dass die Strahlenintensität der nahen Infrarotwellen mit zunehmender Wellenlänge sehr flach abfällt, und zwar ab circa 900 nm. Offensichtlich halten etliche Autoren nahe IR-Strahlen jenseits von 1.000 oder auch 1.400 W/m² wegen ihrer geringen Intensität bzgl. der Klimawirkung für nicht mehr relevant. Das sollte Sie aber nicht verunsichern.

Die elektromagnetischen Wellen verhalten sich bezüglich ihrer Absorption in der Atmosphäre sehr unterschiedlich, was von ihren jeweiligen Wellenlängen abhängt. Die nachfolgende Abb. 30 stellt **auf der linken Seite** das **Absorptionsverhalten der Solarstrahlung** dar.

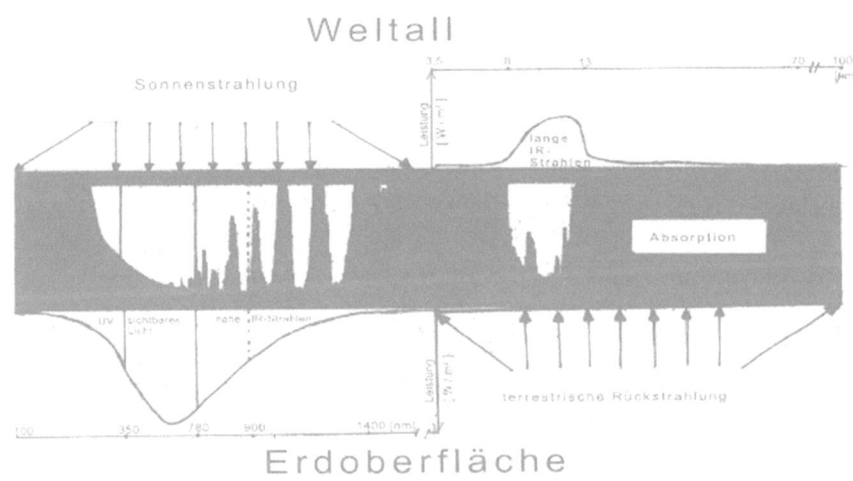

Abb. 30: Die Absorption der Sonnenstrahlen und der terrestrischen Rückstrahlung bei wolkenfreiem Himmel (eigene Darstellung)

Sichtbares Licht (380 nm-750 nm)

Bei **wolkenlosem Himmel gelangt das sichtbare Licht praktisch ungehindert zur Erdoberfläche** (s. Abb. 30, linke Seite). **Bei Bewölkung dagegen erreicht nur ein kleiner Teil die Oberfläche der Erde**, weil von der Wolkenoberseite zwischen 60 und 90 % der Sonnenstrahlen in das All reflektiert werden. Während am Boden bei wolkenfreiem Himmel eine Strahlungsenergie von circa 1.000 W/m² gemessen wird, liegt diese bei bewölktem Himmel gerade einmal bei 100 W/m².

An der Erdoberfläche werden etwa **15 % der ankommenden Sonnenstrahlen wieder in das All reflektiert** (s. Albedo-Effekt). **Der weitaus überwiegende Teil, nämlich 85 %, der eingehenden Sonnenstrahlen, wird absorbiert, in lange Infrarotwellen (=Wärmestrahlen) umgewandelt** und **als terrestrische Rückstrahlung in die Atmosphäre abgegeben** (s. gleich).

Nahes Infrarotlicht (750 nm bis 1.000/1.400 nm)

Das nahe Infrarotlicht ist für uns nicht sichtbar, aber als Wärme fühlbar.

Bei **wolkenfreiem Himmel** erreichen fast alle kurzen Infrarotstrahlen unsere Erde mit all ihren Lebewesen und wärmen sie. Bei **bewölktem Himmel** werden circa 20 % der Infrarotstrahlen hingegen von Wolken absorbiert und gelangen somit nicht mehr an die Erdoberfläche. Wenn sich eine Wolke vor die Sonne schiebt, empfinden wir dementsprechend sofort eine Abkühlung.

Ultraviolettes Licht (40/100 nm bis 380 nm)

Das UV-Licht wird zu 90 % in der Atmosphäre, vornehmlich vom Ozon und den Aerosolen, absorbiert. Nur 10 % der UV-Strahlen erreichen die Erdoberfläche, wobei der Grad der Bewölkung keine wesentliche Rolle spielt. **Wir können diese Strahlen weder sehen noch fühlen, was sie gefährlich macht.** Denn sie verursachen Hautschäden wie **Sonnenbrand, Hautkrebs und Hautalterung sowie Augenerkrankungen.**

4. Die terrestrische Rückstrahlung der Erde (3,5 Mikrometer bis 100 Mikrometer)

An der Erdoberfläche werden die meisten kurzwelligen Sonnenstrahlen, wie bereits erwähnt absorbiert, in **lange Infrarotstrahlen** umgewandelt und **in die Atmosphäre zurückgesandt.** Diesen Vorgang bezeichnen wir als **terrestrische Rückstrahlung.** Diese langen Infrarotwellen haben eine Länge von 3,5 bis 100 Mikrometern. 1Mikrometer entspricht 1.000 Nanometer.

Fast alle von der Erdoberfläche rückgestrahlten langen IR-Strahlen werden in der Atmosphäre resorbiert. Nur im Wellenbereich zwischen **8 und 13 Mikrometern** werden die von der Erde entsandten IR- Wellen von der Atmosphäre durchgelassen und verschwinden im Weltall. Dieser Bereich wird als **»atmosphärisches Fenster«** bezeichnet (s. Abb. 30, rechte Seite und Abb. 31).

5. Der natürliche Treibhauseffekt

Wäre unsere Erde nicht von einer Atmosphäre umgeben, so würden die langen Infrarotstrahlen, die von der Erdoberfläche zurückgestrahlt werden, ins unendliche All entweichen und verloren gehen. Wie bereits oben erwähnt, hätten wir auf unserer Erde dann nur eine Temperatur von -18°C. **Die heute bestehende globale Durchschnittstemperatur von + 15°C verdanken wir nahezu ausschließlich dem natürlichen Treibhauseffekt.** Fast alle terrestrischen Rückstrahlen werden in der Atmosphäre in einer Höhe von etwa 6.000 m vom Wasserdampf und den natürlichen Spurengasen wie Kohlendioxid (CO_2), Methan (CH_4), Lachgas (N_2O) oder Ozon (O_3) absorbiert. Lediglich IR-Strahlen mit Wellenlängen zwischen 8 und 13 Mikrometern verlassen die Atmosphäre durch das atmosphärische Fenster und verschwinden im All. Da alle Treibhausgase die langen IR-Strahlen gleichzeitig absorbieren, zeigt sich nach dem Durchtritt der terrestrischen Rückstrahlung durch die Treibhausgasschicht ein charakteristisches Bild der »Gesamtabsorption« (s. Abb. 31).

Wir können in der Abbildung gut erkennen, dass der Wasserdampf für den größten Teil der Absorption zuständig ist. Das Kohlendioxid schließt lediglich das halboffene Fenster, das der Wasserdampf zwischen 13 und 17 Mikrometern hinterlässt. Die Absorption von Methan und Lachgas bewegt sich am anderen Ende des atmosphärischen Fensters. Ozon absorbiert hingegen mitten im Fenster.

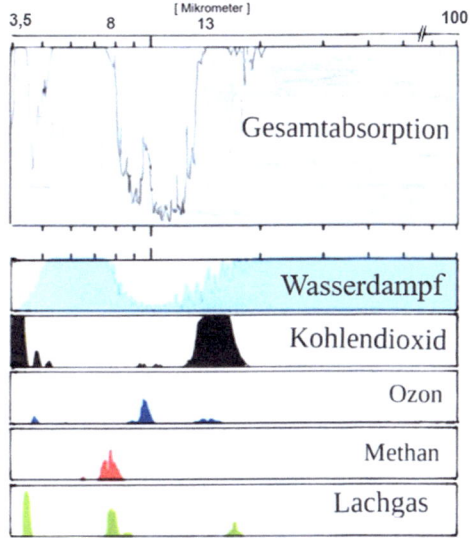

Abb. 31: Die Gesamtabsorption der terrestrischen Rückstrahlung (eigene Darstellung nach Wikimedia Commons, 2023)

Die Treibhausgase emittieren ihre absorbierte Energie in Form von wiederum langwelligen Infrarotstrahlen einerseits in den Weltraum, andererseits in Richtung Erdoberfläche als sogenannte Gegenstrahlung. Diese Gegenstrahlung ist der Energiehauptlieferant des Treibhauseffekts.

6. Der Strahlungshaushalt der Erde

Der Strahlungshaushalt stellt alle wichtigen Prozesse am Rande der Atmosphäre, in der Atmosphäre und an der Erdoberfläche dar, die mit der Sonneneinstrahlung zusammenhängen. Dazu zählen die **Absorption mit der Entsendung von Wärmestrahlen (IR-Strahlen), die Reflexion und die Umwandlung in latente und fühlbare Wärme. Die langwelligen IR-Strahlen sind zum größten Teil für die Erwärmung der Erde verantwortlich: Sie sind die Träger der Wärmeenergie. Mit dem Thermometer messbare Wärme geben sie allerdings erst ab, wenn sie auf Materie treffen.** Dann »walten sie ihres Amtes als Wärmestrahlen« und **sorgen in der Gesamtheit für die Temperaturen der Erdoberfläche und der Atmosphäre.** Die Energiewerte, die in der Abbildung aufgeführt sind, werden jährlich geschätzt. Die **Strahlungsbilanz** ist der In- und Output an Strahlung und liegt normalerweise bei null. **Entsteht am Rand der Atmosphäre ein Ungleichgewicht** zwischen der ankommenden und abgegebenen Strahlungsenergie, so bedeutet die Energiedifferenz einen **Strahlungsantrieb**, der die Globaltemperatur verändert. Dazu gleich mehr.

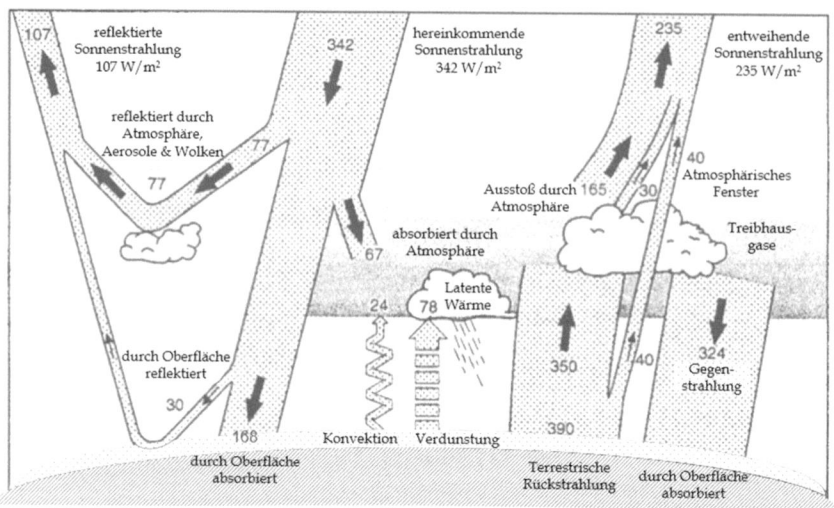

Abb. 32: Geschätzte mittlere und globale Energiebilanz der Erde
(Werte in W/m²) (nach Kiehl & Trenberth, 1997)

Am **Rand der Atmosphäre** spielen sich die Strahlungsenergieflüsse folgendermaßen ab: Wie zuvor bereits dargestellt liefern die Sonnenstrahlen im Durchschnitt auf der ganzen Erde 342 W/m². Davon werden 107 W/m² ins All reflektiert, und zwar von der Erdoberfläche (Land und Wasser) sowie von den Wolken und der Aerosolschicht in der Atmosphäre entsprechend der jeweiligen Albedo. Weitere 235 W/m² werden in Form von langen Infrarotwellen aus der Atmosphäre in Richtung All abgegeben. Die Strahlungsbilanz am Rande der Atmosphäre stimmt also.

Von der **Erdoberfläche** werden die kurzwelligen Sonnenstrahlen, die diese erreicht haben, mit einer Energieintensität von 168 W/m² aufgenommen. Dazu addieren sich 324 W/m², die als Gegenstrahlung die Erdoberfläche erreichen. Das macht zusammen 492 W/m². Die Erdoberfläche verliert 390 W/m² per Rückstrahlung (Surface Radiation). »Zufälligerweise« deckt sich dieser ermittelte oder gar gemessene Wert mit der Wärmeabstrahlung eines schwarzen Körpers von knapp 15°C (s. Stefan Boltzmann Gesetz, S. 173ff). Ein Schelm, der Böses dabei denkt. Die Erdoberfläche muss für ihren Bilanzausgleich also noch 102W/m² loswerden. Wie bei vielen Prozessen in der Natur, wird auch in diesem Fall versucht, dem Ungleichgewicht entgegenzuwirken. Damit sich die Erdoberfläche nicht fortschreitend erwärmt (und die Atmosphäre abkühlt) sorgen sogenannte Wärmeflüsse vom Erdboden zur Atmosphäre für einen Ausgleich. Die Erdoberfläche gibt zum einen per Konvektion Wärme mit einer Leistung von 24 W/m² ab. Es handelt sich dabei um eine sensible, fühlbare Wärme, die mit dem Thermometer messbar ist. Zum anderen gibt die Erdoberfläche Energie in Form von latenter Energie (Evapotranspiration) ab. Dabei handelt es sich um Wärmeabgabe durch Verdunstung. Wenn heißes Wasser im Topf verdampft, wird das Wasser kälter. An der Erdoberfläche werden über diesen Weg etwa 78 W/m² abgegeben. Nun ist auch hier die Bilanz ausgeglichen: 390 +24 + 78 = 492

In der Atmosphäre werden die kurzen Infrarot- und UV-Strahlen der Solarstrahlung in einer Größenordnung von 67 W/m² absorbiert. Hinzu kommt die Energie der sensiblen Wärme und der latenten Wärme mit 102 W/m², außerdem die Differenz zwischen der Rück- und Gegenstrahlung in einer Höhe von 26 W/m². Das macht zusammen: 67 + 102 + 26 = 195 W/m²

Abgestrahlt aus der Atmosphäre ins All werden 195 W/m². Die Bilanz ist auch in der Atmosphäre ausgeglichen.

Der Energieverlust durch das atmosphärische Fenster spielt also für die Energiebilanz der Atmosphäre keine Rolle.

Sollten Sie den Energiehaushalt in anderen Schriften studieren, so wird Ihnen auffallen, dass die einzelnen Energiewerte schwanken. Bedenken Sie stets, dass es sich um Schätzungen handelt. Was die Bilanz anbelangt, sollten die Werte allerdings schlüssig sein.

Die Energiebilanz kann durch Faktoren, die ich als Klimadirigenten bezeichne, wie zum Beispiel eine ungezügelte Zunahme von Treibhausgasen aus dem Gleichgewicht gebracht werden. Dazu komme ich später in Kap. IV.

7. Der Strahlungsantrieb

Der Strahlungsantrieb (engl.: RF Radiative Forcing) ist das Maß für die Änderung der irdischen Strahlungsbilanz. Er stellt die Differenz der ein- und ausgehenden Energieflüsse am Oberrand der Atmosphäre (TOA: top of atmosphere) dar. Bei den eingehenden Strahlen handelt es sich um die Sonnenstrahlen, bei den ausgehenden um Wärmstrahlen (Infrarotstrahlen).

Der IPCC definiert den Strahlungsantrieb inzwischen anders: Er verlagert das Geschehen zum einen an die Tropopause, die die obere Grenzschicht der

Troposphäre zur Stratosphäre bildet. (s. Abb. 56. S. 120) Zum anderen bringt der Weltklimarat aber als wesentliche Änderung zur ursprünglichen Definition des Strahlungsantriebs den **Zeitfaktor ins Spiel, indem er den jeweils aktuell erhobenen Strahlungsantrieb als »über die Zeit-Summation« gegenüber dem Zustand von 1750 betrachtet.**

Die Einführung des Begriffs »Strahlungsantrieb« basiert auf folgendem Hintergrund: Im Falle eines zusätzlichen Strahlungsenergie-Eintrags in den irdischen Energiehaushalt erfolgt an der Grenzschicht zur Stratosphäre, der Tropopause, ein Energiefluss zur Behebung des entstandenen Ungleichgewichts. Dieses Ungleichgewicht wirkt als Antrieb für den Energiefluss, bei dem sich vorrangig die Energieflussdichte ändert. Diese kann gemessen werden. Die Einheit ist W/m². Da zwischen der Strahlungsenergie (in Form von IR-Strahlen) und der Temperatur eine Linearität besteht, geht es um einen Temperaturausgleich. **An der Tropopause stellt sich sehr schnell ein neues Temperaturgleichgewicht ein**, während innerhalb der Troposphäre das Temperaturprofil noch lange dem alten Gleichgewichtszustand entspricht. Denn hier stellt sich ein neuer Gleichgewichtszustand unter Mitwirkung von Rückkopplungen erst sehr langsam ein, und zwar nach über 1.000 Jahren.

Durch den spontanen Temperaturausgleich an der Tropopause sind Verzerrungen durch Rückkopplungen und den damit verbundenen Temperaturänderungen in der Tropopause ausgeschlossen. **Der Vorteil des Strahlungsantriebs liegt also in seiner Unabhängigkeit von den komplizierten und wenig verstandenen Rückkopplungen.** Der Nachteil ist jedoch, dass mit ihm keine verlässlichen Aussagen über die zukünftig zu erwartende Globaltemperatur gemacht werden können.

Änderungen der Strahlungsbilanz können durch anthropogene Faktoren wie Emissionen von Treibhausgasen und Aerosolen sowie Veränderungen der Biosphäre oder durch natürliche Faktoren wie der Himmelsmechanik, Sonnenintensitätszyklen, Ozeanzyklen, Meteoriteneinschläge und Vulkanausbrüche hervorgerufen werden. All diese aufgeführten »antreibenden Faktoren« (eng: Driver) bezeichne ich als Klimadirigenten, weil nur sie unserem Erdklima primär den Weg weisen und sich damit klar von den reagierenden Faktoren, den Rückkopplungen, abheben. Alle Rückkopplungen bilden gemeinsam das Klimaorchester. Die nachfolgende **Abbildung gilt für die langsam einwirkenden Klimadirigenten.** Bei diesen spielen die Rückkopplungen eine überragende Rolle.

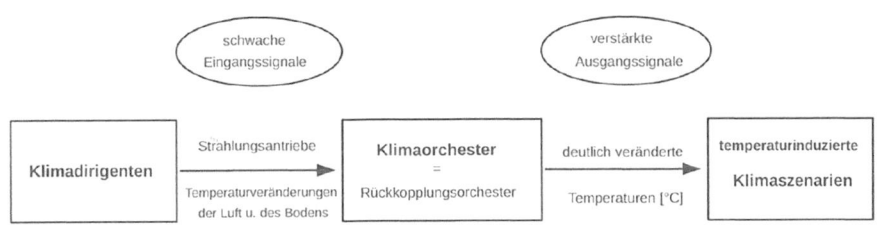

Abb. 33: Der Ablauf von nachhaltigen Klimaveränderungen,
schwache Eingangssignale gelten für langsam einwirkende Klimadirigenten
(eigene Darstellung)

Der Energiefluss als Folge der von Klimadirigenten eingebrachten Strahlungsantriebe am Oberrand der Atmosphäre oder an der Tropopause wird gemessen. Mitte der 1990er-Jahre wurde damit begonnen, an einer kontinuierlichen Sammlung von Daten zur Energiebilanz unserer Erde zu arbeiten. 1997 wurde das erste Ceres- Messgerät (Ceres: **C**louds and **E**arth **R**adiant **E**nergy **S**ystem) von der NASA auf einem Satelliten im All installiert. Mit diesen Messgeräten wird die Strahlungsbilanz von eingehenden und reflektierten Sonnenstrahlen sowie die Energiemenge abgehender Wärmestrahlen (IR-Strahlen), also der Strahlungsantrieb, am Oberrand der Atmosphäre gemessen. Wenn mehr hineinkommt als abgegeben wird, wird sich die Erde schließlich aufheizen. Der seit 1750 addierte positive Strahlungsantrieb wird aktuell mit circa 2,5 W/m² angegeben. Die Messung verrät uns aber nicht, welche Faktoren dafür verantwortlich sind. Mehr dazu im Kap. VI.

Das Wichtigste in Kürze!

o Der Hauptakteur des Klimasystems ist die Sonne.

o Ohne die Atmosphäre mit ihrem natürlichen Treibhauseffekt hätten wir auf Erden nur – 18°C.

o Die Sonne strahlt elektromagnetische Wellen aus, die sich aus dem sichtbaren Licht, den UV-Strahlen und den nahen IR-Strahlen zusammensetzen.

o UV-Strahlen und das sichtbare Licht sind kurze elektromagnetische Wellen.

o Die Sonnenstrahlen werden in der Atmosphäre und an der Erdoberfläche reflektiert oder absorbiert, das hängt von der Albedo ab.

o In der Summe (Reflexion an der Erdoberfläche und in der Atmosphäre) werden 30 % ins All reflektiert. Das ist die planetare Reflexion.

o Im Falle der Absorption an der Erdoberfläche werden die kurzwelligen Sonnenstrahlen in lange Infrarotstrahlen umgewandelt und in die Atmosphäre rückgestrahlt. Das ist die terrestrische Rückstrahlung.

o Infrarotstrahlen geben beim Auftreffen auf Materie Wärme ab. Warme Materie entsendet wiederum IR-Strahlen.

o In der Atmosphäre, auf 6.000 bis 8.000 m Höhe, werden die terrestrischen IR- Strahlen von den Treibhausgasen absorbiert und teilweise wieder zur Erdoberfläche gestrahlt. Das ist die Gegenstrahlung und erklärt den Treibhauseffekt.

o Das wichtigste Treibhausgas ist Wasser in Form von Wasserdampf. Es folgen Kohlendioxid, Methan, Lachgas und Ozon.

o Der Strahlungsantrieb ist das Maß für eine Änderung der irdischen Strahlungsbilanz.

o Der Strahlungshaushalt muss ausgeglichen sein, um eine konstante mittlere Globaltemperatur zu erhalten.

o Der (ursprünglich definierte) Strahlungsantrieb ist ein rückkopplungs-unabhängiges Maß für den Energieeintrag eines Klimadirigenten und beschreibt den Energiefluss an der Tropopause.

o Wenn beim Strahlungsantrieb ein Zeitfaktor berücksichtigt wird, sind Verzerrungen durch Rückkopplungen zu erwarten.

o Seit Mitte der 1990er Jahre werden mit Ceres-Messgeräten an Satel-liten im All kontinuierlich Daten zur Änderung der Energiebilanz, zum Strahlungsantrieb, der Erde erhoben.

III. LUFT- UND MEERESSTRÖMUNGEN

starke Einflüsse auf breitengradbezogene und regionale Klimate

Die Meeres- und Luftströmungen bestimmen das Wetter und längerfristig das Klima auf Erden maßgeblich. Meeresströmungen bilden gemeinsam mit dem Zirkulationssystem der Atmosphäre ein globales Strömungssystem. Temperaturunterschiede sind die Quelle für die Dynamik beider Systeme. Bei den Meeresströmungen wirkt der unterschiedliche Salzgehalt als zusätzliche bedeutsame Antriebsfeder. **Die wichtigste Aufgabe dieses gewaltigen Strömungssystems besteht in der Verteilung der Energie aus den strahlungsreichen niedrigen Breiten in die strahlungsarmen hohen Breiten, also vom Äquator zu den Polen.** Die riesigen Flächen der Ozeane und die globalen Luftströmungen stehen in enger Verbindung zueinander. **Die Luftströmungen sind Antreiber der oberflächlichen Meeresströmungen.** Der Strömungsantrieb erfolgt über Reibungskräfte zwischen dem Luftstrom und der Wasseroberfläche. Die Luft strömt stets von einem Hochdruckgebiet zu einem Tiefdruckgebiet. Warme Luft steigt auf und hinterlässt ein Tiefdruckgebiet nahe der Erdoberfläche (beispielsweise in der äquatorialen Tiefdruckrinne), kalte Luft sinkt ab und bildet oberflächennah ein Hochdruckgebiet (beispielsweise im Subtropengürtel). **Die Luftdruckunterschiede sind sozusagen die exklusiven inneren Antreiber der Luftströmungen. Die tiefen Meeresströmungen beruhen auf dem unterschiedlichen spezifischen Gewicht (Dichte) benachbarter Wasseransammlungen.** Salzgehalt und Temperatur bestimmen das spezifische Gewicht. Schweres Wasser hat einen höheren Salzgehalt und/oder ist kälter. Es sinkt nach unten wie zum Beispiel an den polnahen Absinkorten, es bewegt sich aber auch in der Horizontalen in Richtung leichteren Wassers. Bei der heutigen Erdachsenneigung von 23,5 Grad beträgt die Distanz zwischen dem Äquator und den Wendekreisen 5.218 km. »Die Sonne wandert« im Laufe eines Jahres also stattliche 10.432 km. **Infolge der sich geographisch verändernden Sonneneinstrahlung zeigen sich typische jahres-**

zeitenbetonende Zyklen von Meeres- und Luftströmungen. Sie bestimmen unser gegenwärtiges Wetter in hohem Maße und haben in der Vergangenheit die Klimazonen sowie regionale Klimate und ihre Verteilung entscheidend geprägt.

Zusätzlich beeinflussen Jahrzehnte andauernde zyklische Schwankungen von Meeresströmungen das Klima nicht unerheblich. Auf einige dieser Ozeanzyklen (AMO, PDO, El Niño, ENSO, La Niña) mit ihren enormen Auswirkungen auf regionale Klimate und selbst auf die Globaltemperatur werde ich später noch näher eingehen.

Bevor ich die »globalen Meeresströmungen« mit den Synonymen »thermohaline Zirkulation« oder «globales Förderband« detaillierter beschreibe, möchte ich zuvor auf die großen Luftströmungen eingehen.

1. Die Luftströmungen

Auf der nachfolgenden Abbildung werden die Hoch- und Tiefdruckzonen dargestellt, die die Basis für die wärmetransportierenden Luftzirkulationen, die **Konvektionszellen**, sind. Sie bilden annähernd senkrecht zur Erdoberfläche ausgerichtete Kreisläufe, deren bodennahe globale Luftströmungen beispielsweise die bekannten Passatwinde oder Westwinde sind. **Alle Luftströmungen werden stets nach ihrer Herkunft benannt**. Die Nordostpassatwinde beispielsweise kommen von Nordost und strömen in Richtung Südwest.

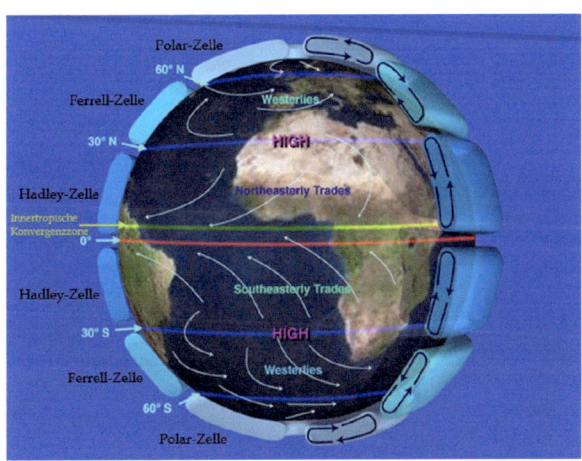

Abb. 34: Planetarische Zirkulation (nach NASA, 2023)

Konvektionszellen

Auf beiden Hälften unserer Erdkugel finden sich drei Konvektionszellen: je eine Hadley-Zelle, eine Ferrell-Zelle (Mid-Latitude Cell) und eine Polar-Zelle. Es handelt sich bei den Zellen jeweils um einen Luftkreislauf, der Wärme in Form von Teilchen transportiert und überträgt (Konvektion). Warme Luft steigt vom Boden auf und hinterlässt dort ein Tiefdruckgebiet. Sehr weit oben in der Atmosphäre, **am Ende der Troposphäre, bildet** sich ein Höhenhoch. In dieser Höhe strömt die Luft mit hoher Geschwindigkeit als **Jetstream** in eine kältere Zone, kühlt sich ab und sinkt zur Erdoberfläche. Sie hinterlässt in der Höhe ein Höhentief und bildet an der Erdoberfläche ein Hochdruckgebiet. Bodennah strömt die Luft wieder zurück zum ursprünglichen Tiefdruckgebiet. Der Kreislauf schließt sich.

An den Polen ist es bitterkalt, die Luft sinkt ab, hier bilden sich Hochdruckgebiete, die **Polarhochs.** Auf dem Weg in den wärmeren Süden auf der Nordhalbkugel beziehungsweise in den wärmeren Norden auf der Südhalbkugel steigt die Luft bereits über dem 60. Breitengrad wieder auf, sodass sich hier eine Tiefdruckzone entwickelt, die **subpolare Tiefdruckrinne.** Zwischen dem hier sich entwickelnden Höhenhoch und dem Höhentief strömt die Luft auf der Nordhalbkugel wieder nach Norden, auf der Südhalbkugel wieder nach Süden- als sogenannter **Polar-Jetstream.** Der Kreislauf schließt sich zur **Polar-Zelle.**

Ähnliches spielt sich zwischen den Subtropengürteln und dem Äquator ab. Am Äquator steigt sehr warme Luft auf und hinterlässt die **äquatoriale Tiefdruckrinne.**

In einer Höhe von circa 18.000 km bildet sich ein Höhenhoch. Die aufgewärmte Höhenluft strömt polwärts und kühlt sich ab. Bereits über dem 30. Breitengrad, dem Subtropengürtel, sinkt die Luft ab und bildet bodennah einen **subtropischen Hochdruckgürtel.** Bodennah strömt die Luft nun wieder in Form der bekannten **Passatwinde** (Northeasterly und Southeasterly Trades) Richtung Äquator. Die Passatwinde aus dem Norden und dem Süden nähern sich am Äquator, weshalb man auch von einer **innertropischen Konvergenzzone, ITC,** spricht. Die soeben beschriebenen Luft-Kreisläufe zwischen den Subtropen und dem Äquator werden als **Hadley Zellen** bezeichnet.

Ein weiterer derartiger Kreislauf besteht zwischen den nördlichen und südlichen subtropischen Hochdruckgürteln einerseits und den subpolaren Tiefdruckrinnen andererseits und trägt den Namen **Ferrell Zelle**. Die bodennahen Luftströmungen vom subtropischen Hochdruckgürtel zur subpolaren Tiefdruckrinne bilden die bekannten **Westwinde**.

Alle Luftströme werden auf ihrem Weg von einem Hochdruck- zu einem Tiefdruckgebiet durch den Coriolis Effekt in ihrer Richtung abgelenkt, und zwar auf der Nordhalbkugel nach rechts, auf der Südhalbkugel nach links. So werden beispielsweise die vom Süden kommenden Passatwinde auf ihrem Weg nach Norden nach links (westwärts), abgelenkt. Da **alle Winde nach ihrer Herkunft bezeichnet** werden, heißt diese Luftströmung Südost-Passat.

Die innertropische Konvergenzzone verschiebt sich mit dem Zenit der Sonne zwischen den Wendekreisen (23,5e Breitengrade). Sie folgt stets der Zone der stärksten Sonneneinstrahlung. Die Wanderung der Konvergenzzone mit den daraus resultierenden Verschiebungen der anderen sich anschließenden Luftzonen erklärt die Wetterwechsel innerhalb eines Jahres. In den Tiefdruckgebieten der Konvergenz werden starke Regenfälle registriert. Die schweren **Monsumregenfälle in Asien und Starkregenfälle in der Sahelzone** sind unter anderem darauf zurückzuführen. Im Bereich um die Wendekreise bis circa 30° Nord und Süd finden sich hingegen sehr trockene Gebiete. Sie werden auch als **Wendekreiswüsten** bezeichnet. Hier sinkt die in Relation zu den unteren Luftschichten warme Luft ab, die viel Luftfeuchtigkeit bindet und einen Lufthochdruck erzeugt. Es handelt sich um klimatische Phänomene, die seit Tausenden von Jahren in dieser Art auftreten.

Wie erwähnt, verlaufen die Luftströmungen allesamt schräg. Keine von ihnen verläuft gerade von Nord nach Süd oder umgekehrt, also parallel zur Erdrotationsachse. Das liegt am Coriolis-Effekt, den ich Ihnen nachfolgend erkläre:

Der Coriolis-Effekt

Der Effekt ergibt sich aus der Erdrotation und den breitenbezogenen unterschiedlichen Geschwindigkeiten. Aus diesem Grund bevorzuge ich den Begriff des Coriolis-Effekts gegenüber dem der Coriolis-Kraft. Die Bahngeschwindigkeit am Äquator liegt bei 1.670 km/ h, bei uns in Deutschland bei ca. 1.000 km/h und geht gen Pole auf 0 km/h herunter (s. Abb. 35).

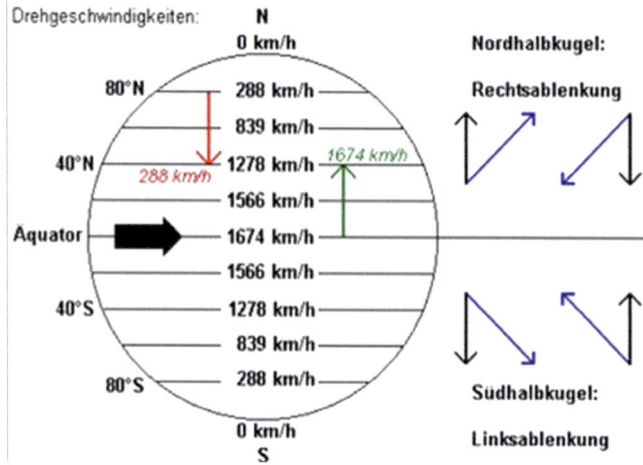

Abb. 35: Die unterschiedlichen breitengradbezogenen
Bahngeschwindigkeiten der Erde (Wikipedia, 2022)

Unsere Erde dreht sich von Westen nach Osten. Wie eingangs bereits erwähnt strömt die Luft stets von einem Hochdruck- zu einem Tiefdruckgebiet. Gäbe es keine unterschiedlichen Bahngeschwindigkeiten so würde sich zum Beispiel die Luft auf dem kürzesten, geraden Weg von Süd nach Nord vom subtropischen Hochdruckgürtel zur äquatorialen Tiefdruckrinne bewegen. Das tut sie aber nicht, weil die Bahngeschwindigkeit am Äquator sehr viel höher ist als auf dem subtropischen Breitengrad. Die Luftteilchen, die vom subtropischen Breitengrad auf der Südhalbkugel gen Norden starten, behalten ihre niedrigere, seitwärts gerichtete Geschwindigkeit bei. Wenn sie am Äquator ankommen, erreichen sie deshalb nur einen sehr viel weiter westlich gelegenen Punkt. Die Strecke zwischen diesem Punkt und dem ursprünglich nördlich angepeilten Punkt ist Ausdruck der niedrigeren Bahngeschwindigkeit auf dem subtropischen Breitengrad gegenüber dem Äquator. Das entspricht den Südost-Passatwinden.

Wenn dagegen Luft vom nördlichen subtropischen Hochdruckgürtel gen Norden zum subpolaren Tiefdruckrinne strömt, nehmen die Luftteilchen die höhere Bahngeschwindigkeit vom Start weg mit. Ihr Ankunftsort am subpolaren Breitengrad ist sehr viel weiter östlich, und zwar wegen ihrer höheren nach Osten gerichteten Bahngeschwindigkeit. Die Luftteilchen vom subtropischen Breitengrad sind den Luftteichen des subpolaren Breitengrads nach Osten vorausgeeilt (s. Abb. 36), entsprechend den Westwinden auf der Nordhalbkugel.

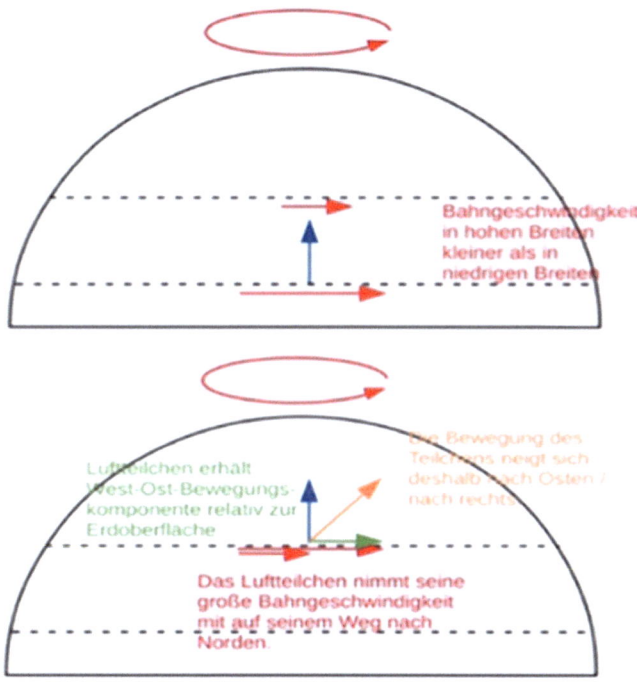

Abb. 36: Coriolis-Kraft (Salzmann, 2009)

2. Die globalen Meeresströmungen

Als Synonyme werden »thermohaline Zirkulation« oder »globales Förderband« verwendet. Es handelt sich um ein **erdumspannendes Strömungssystem, das alle drei großen Ozeane einbezieht.**

Vorankündigend erwähne ich bereits hier den **Atlantischen Ozean**, der eine **besondere und wesentliche Rolle** als reaktiver Klimafaktor und Rückkopplungselement (s. Kap. V) innehat und die **Ozeanzyklen**, die sogar als Klimadirigenten (s. Kap. IV) wirken. Beide können damit die mittlere Globaltemperatur auf der Erde beeinflussen.

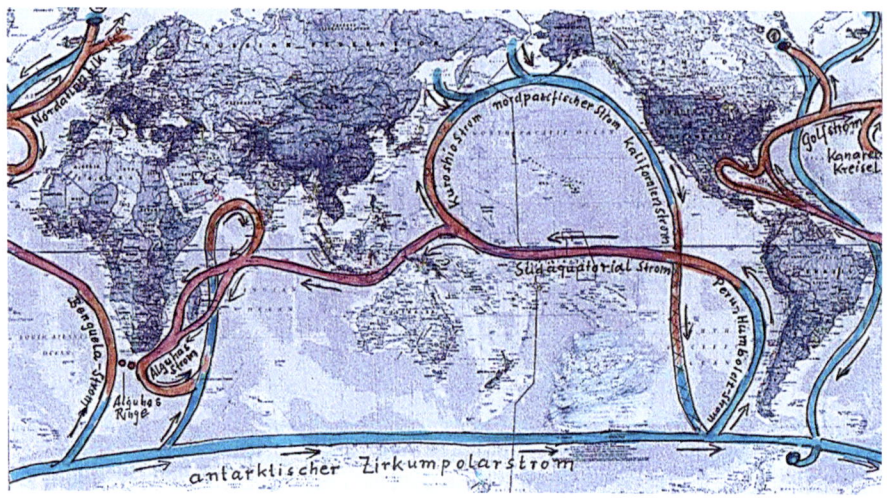

Abb. 37: Die globale thermohaline Zirkulation (eigene Darstellung)

Die gesamte thermohaline Zirkulation wird im Wesentlichen durch das besonders im Winter ausgeprägte Absinken des kalten und salzreichen Meerwassers im Nordatlantik eingeleitet. **Der Absinkvorgang erfolgt an speziellen Absinkorten.** Sie sind mit 1 (Labradorsee) und 2 (Grönlandsee) markiert (s. Abb. 38). Dort sinkt das kalte, salzreiche Meereswasser bis in eine Tiefe von ein bis vier Kilometern. Das abgesunkene, schwere Meerwasser fließt nun am oder nahe dem Meeresboden als **kalte Tiefenströmung entlang der gesamten Ostküste von Nord- und Südamerika** bis zum Ausgang des Südatlantiks, um weiter südlich **in den antarktischen Zirkumpolarstrom** aufgenommen zu werden. Der Zirkumpolarstrom umrundet knapp nördlich die gesamte Antarktis. In ihm vermischen sich die von allen drei Ozeanen zugeführten kalten Wassermassen. Auch im Antarktischen Ozean gibt es Absinkorte. Gesichert ist ein Absinkort im Weddellmeer südöstlich von Kap Hoorn. Im Zirkumpolarstrom kommt es vermutlich durch windgetriebene Vermischungen, begünstigt durch in Schräglage mehrstöckig angeordnete Wasserschichten, zu einem Aufstieg des zugeführten ursprünglich besonders kalten Wassers. Das gegenüber seiner Umgebung nun etwas wärmere aber noch immer kalte Wasser steigt entweder als **Zwischenwasser** mehrere hundert Meter unter der Wasseroberfläche auf einem langen Weg, beispielsweise dem Zustrom zum Benguelastrom an der Westküste Südafrikas, oder über einen sehr kurzen Weg bis an die Wasseroberfläche, zum Beispiel als Zustrom zum Humboldtstrom an der Westküste Südamerikas.

Wie die Luftströmungen werden auch die Meeresströmungen von der »Wanderung der Sonne zwischen den Wendekreisen« beeinflusst.

Die Meeres- und Luftströmungen des Atlantischen Ozeans

Auf die **Absinkorte im Nordatlantik** und die von Norden nach Süden gerichtete **transatlantische Tiefenströmung** bis in den **antarktischen Bodenwasserkreisel (Zirkumpolarstrom)** bin ich ja bereits eingegangen. Etwas westlich von der afrikanischen Südspitze zweigt der antarktische Kreisel eine kalte Strömung als Zwischenwasser Richtung Norden ab. Sie steigt langsam- als Zwischenwasser- auf dem Weg nach Norden auf und führt an der südafrikanischen Westküste entlang. Hier ist das Wasser noch immer ziemlich kalt. Dieser Strömungsabschnitt heißt **Benguelastrom.** Zeitweise wird dieser von warmen **»Alguhas-Ringen « aus dem Indischen Ozean** gespeist. Da in der Tropenregion durch die starke Meerwasserverdunstung ein Sog entsteht, rückt das kältere Wasser aus dem Süden nach, erwärmt sich selbst und wird unter der starken Sonneneinwirkung zu warmem Oberflächenwasser. Dieses wird durch die Südostpassat-Winde angetrieben und mündet im **Südäquatorialstrom**, der das Wasser weiter westwärts befördert (s. Abb. 38).

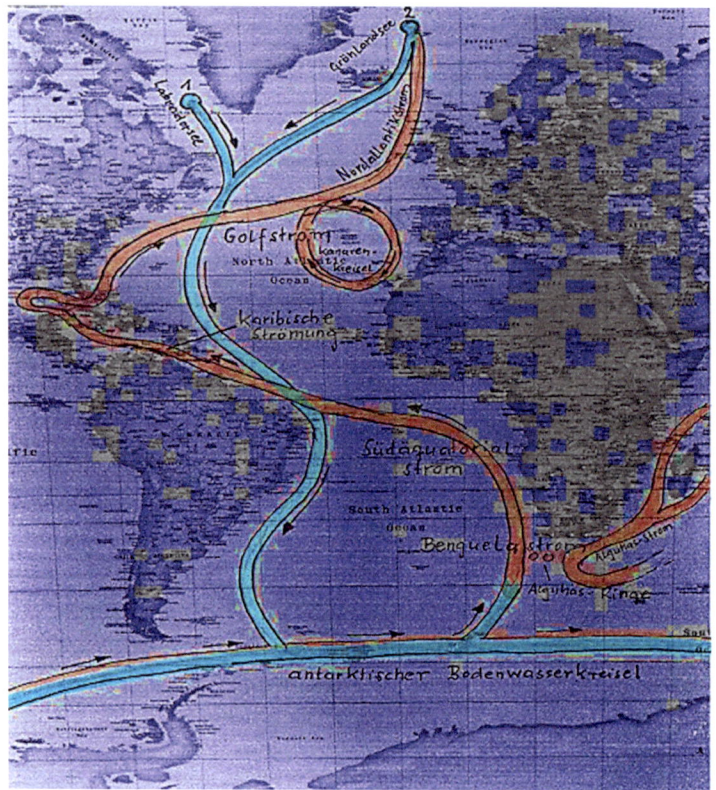

Abb. 38: Die atlantischen thermohalinen Strömungen (eigene Darstellung)

Nach Überschreitung des Äquators übernehmen die **Nordostpassat-Winde**, die das warme Wasser als **karibische Strömung** nach Westen in Richtung des **Golfes von Mexiko** treiben. Das aus dem Golf von Mexiko oder teilweise auch direkt von den Antillen (s. Abb. 37) stammende Wasser strömt **entlang der nordamerikanischen Ostküste nach Norden bis zum Cap Hatteras. Hier biegt die Strömung Richtung Ost-Ost-Nord in den offenen Ozean ab**, beschleunigt durch die **Westwinde** ab etwa dem 30. Breitengrad. Hier beginnt der eigentliche **Golfstrom**, der sich nach etwa 2.500 Kilometern teilt, und zwar in den **Nordatlantikstrom** in nördlicher und in den **Kanarenstrom** in südlicher Richtung. **Der Nordatlantikstrom führt an der Westküste Mittel- und Nordeuropas entlang** und wird anschließend in Richtung der Absinkorte des Nordatlantiks gesogen.

Gerade der Golfstrom hat eine enorme Bedeutung für unser Klima, denn er sorgt gemeinsam mit den aufgewärmten Westwinden dafür, dass die von ihm abhängigen Regionen deutlich wärmer sind als es ihren Breitengraden entspricht. Es handelt sich um Temperaturunterschiede von 6 bis 8°C. Wenn diese Strömung zum Stillstand kommt, sinken nicht nur die Temperaturen in den vom Golfstrom abhängigen Gebieten, sondern sinkt auch die globale Durchschnittstemperatur der Erde. In diesem Fall wirkt der Golfstrom dann als Regulierer der Globaltemperatur. Dazu später mehr.

Die Meeres- und Luftströmungen des Pazifischen Ozeans

Vom Antarktischen Kreisel geht westlich der Spitze Südamerikas eine Abzweigung gen Norden ab, deren kalte Wassermassen schnell die Oberfläche erreichen. Sie strömen als kalter **Humboldtstrom** oder **Peru-Strom** nach Norden an der Westküste Südamerikas entlang bis auf die Höhe von Peru (s. Abb. 37). Wie bereits beim Atlantik beschrieben, verdunstet in der Tropenregion eine große Menge an Meerwasser. Das führt zu einem Sog, der gemeinsam mit den **Südostpassat-Winden** das Wasser in den **Südäquatorialstrom** westwärts führt. Währenddessen steigt es auf, erwärmt sich und strömt als Äquatorialstrom nach Südostasien und Nordaustralien, um in den Indischen Ozean zu fließen. Vor dem Erreichen Südostasiens führt der Äquatorialstrom einen Teil der Strömung ab, der als **Kuroshiostrom** nach Norden gerichtet ist. Er geht in den ostwärts orientierten **Nordpazifischen Strom** über. Das Wasser kühlt hier sehr deutlich ab und strömt an der nordamerikanischen Westküste als **kalter Kalifornienstrom** nach Süden, um letztendlich nach der Nordsüdpassage des Pazifiks in den Antarktischen Kreisel einzumünden.

Eine Besonderheit stellt die wohl eigenständige **Walker-Zirkulation** (s. Abb. 39) dar. Sie wird von einigen Autoren jedoch lediglich als Ausdruck eines Hadley-Zellen-Abschnitts gesehen:

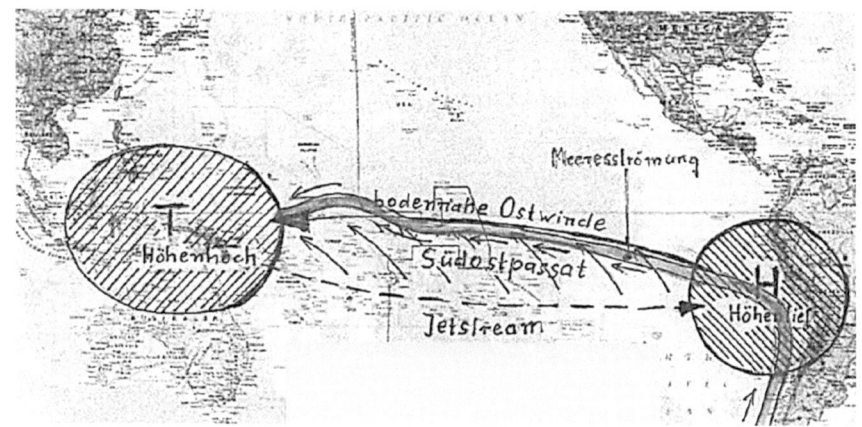

Abb. 39: Die Walker-Zirkulation im tropischen Pazifik.
(eigene Darstellung)

Wie soeben erläutert wird kaltes Wasser von Süden nach Norden durch den Humboldtstrom **entlang der südamerikanischen Westküste** bis auf die Höhe von Peru geführt. Hier herrscht dementsprechend ein **bodennahes Hochdruckgebiet**, denn die kalte Luft bleibt am Boden. Das Hochdruckgebiet mit seiner sehr trockenen, kalten Luft dehnt sich **landeinwärts über Chile, Peru und Bolivien** aus und hat unter anderem die **Atacama Wüste** zur Folge. In sehr großer Höhe hinterlässt die abgesunkene Luft ein Höhentief.

Was die Meeresströmung betrifft, so werden die Wassermassen des Humboldtstroms in den Südäquatorialstrom befördert, und zwar zum einen durch die Süd-Ost-Passatwinde, zum anderen durch den Sog aufgrund der starken Wasserverdunstung am Äquator. Das sich hier zunehmend erwärmende Wasser gelangt gemeinsam mit der feuchten, warmen Luft der Ostwinde, die das bodennahe südamerikanische Hochdruckgebiet mit dem bodennahen südostasiatischen Tiefdruckgebiet verbinden, nach **Nordaustralien und die südostasiatische Inselwelt.** Deshalb besteht dort ein **feuchtwarmes Klima mit einem ausgedehnten bodennahen Tiefdruckgebiet**, denn die warme Luft steigt nach oben. In den großen Höhen der Troposphäre entwickelt sich ein Höhenhoch. Zwischen dem südostasiatischen Höhenhoch und dem südamerikanischen Höhentief weht ein stattlicher **-nach Osten gerichteter- Jetstream** in circa 17.000 m Höhe, der den Luftkreislauf vollendet. **Dieser Luft-kreislauf nennt sich Walker-Zirkulation.**

Ein besonderes Merkmal dieses Luftkreislaufs ist, dass er Änderungen unterliegen kann. Entweder wird er verstärkt wie beim Phänomen La Niña, oder schwächt sich ab bis zur Strömungsumkehr, dann erleben wir El Niño und ENSO. Diese Phänomene haben erhebliche Auswirkungen auf die Westküste Südamerikas (Chile, Peru, Bolivien) sowie auf Australien und Südostasien (s. S. 102)

Die Meeres- und Luftströmungen des Indischen Ozeans

Deutlich östlich des südafrikanischen Zipfels führt eine kalte Strömung aus dem antarktischen Kreisel gen Norden, überschreitet den Äquator, macht eine Rechtskurve, führt entlang der Westküste Indiens und dessen Spitze, fügt sich durch eine weitere Rechtskurve zu einem Kreis, der sich aber nicht schließt, weil das nun erwärmte Wasser das ehemals aus dem antarktischen Polarstrom stammende kalte Wasser überschneidet (s. Abb. 37). Auf dem Weg nach Süden teilt sich die Strömung: Ein Teil strömt zwischen Madagaskar und der afrikanischen Ostküste, der andere Teil östlich von Madagaskar, um sich an der Küste Südafrikas wieder zu vereinigen. **Diese sehr warme und salzreiche Strömung verläuft nun als Agulhasstrom nahe an der südafrikanischen Ostküste bis zum Kap Agulhas. Er ist eine der weltweit stärksten Meeresströmungen und transportiert etwa das 70fache aller Flüsse der Erde.** Südlich vom Kap Agulhas dringt der Strom um einige hundert Kilometer in den Atlantik ein. Er gibt dort alle drei bis vier Monate typische Wasserwirbel ab, die **»Alguhasringe**
». Selbst Strömungs- und Temperaturschwankungen des Golfstroms könnten darauf zurückgeführt werden. Bereits recht weit in den Atlantik eingedrungen vollzieht der Alguhasstrom eine abrupte Kehrtwende und fließt zurück in den Indischen Ozean. Wer je nach Südafrika kommt oder in Südafrika war, wird von dem hohen Temperaturunterschied des Meerwassers an der West- und Ostküste beeindruckt sein.

An dieser Stelle möchte ich anmerken, dass die Darstellungen der globalen Meeresströmungen stark vereinfacht wurden. Es geht hier vorrangig darum, den enormen Einfluss dieser gewaltigen Meeresströmungen auf regionale Klimata und im Falle von Strömungsänderungen im Nordatlantik sogar auf das globale Klima deutlich zu machen.

Das Wichtigste in Kürze!

o Die großen Meeres- und Luftströmungen wandern mit dem Zenit der Sonne. Das hat eine breitengradbedingte Klimazonierung zur Folge.

o Die innertropische Konvergenzzone, ITC, wandert mit der Zone der höchsten Strahlungsintensität. Die anhängigen Zonen der Luft- und Meereszirkulation folgen der ITC. Die Distanz zwischen den Sonnenwendekreisen beträgt immerhin über 10.000 Kilometer.

o Die in diesem Kontext wandernden Meeres- und Luftströmungen prägen die jahreszeitlichen Wetterschwankungen. Sie haben einen erheblichen Einfluss auf regionale und überregionale Klimate und bei Strömungsänderungen im Nordatlantik sogar auf die Globaltemperatur.

o Die großen Luftströmungen sind aufgrund des Coriolis- Effektes auf der Nordhalbkugel nach rechts und auf der Südhalbkugel nach links gerichtet. Am bekanntesten sind die Passatwinde.

o Der Coriolis-Effekt beruht auf den unterschiedlichen Bahngeschwindigkeiten an den Breitengraden, die von 1670 km/ h am Äquator bis zu 0 km/.h unmittelbar an den Polen sinken.

o Die Luftströmungen sind stets von Hochdruckgebieten zu Tiefdruckgebieten gerichtet.

o Die Jetstreams verbinden Höhenhochs mit Höhentiefs und komplettieren die Luftzirkulation.

o Die tiefen Meeresströmungen werden von thermohalinen Differenzen und Temperaturdifferenzen des Meerwassers angetrieben, die oberflächlichen Meeresströmungen insbesondere von den Windströmungen.

o Der zwischen Südamerika und Südostasien gelegene Abschnitt der Hadley-Zelle wird als Walker-Zirkulation bezeichnet.

IV. DIE DIRIGENTEN DES KLIMAS

Taktgeber für das Rückkopplungsorchester

Die auf das Klima einwirkenden Faktoren teile ich in drei Kategorien ein, nämlich in die **Klimadirigenten**, die **Rückkopplungen,** die alle miteinander das Rückkopplungsorchester bilden, und die **regionalen Klimafaktoren**.

Taktgeber des Klimas

Nur die Klimadirigenten sind von sich aus in der Lage, die mittlere, globale Durchschnittstemperatur auf der Erde zu diktieren bzw. zu dirigieren. Alle Klimadirigenten sind in der Lage, die Energiebilanz unserer Erde nachhaltig zu verändern, indem sie positive oder negative Strahlungsantriebe erzeugen.

Einteilung der Klimadirigenten

Den **natürlichen Dirigenten** werden die **anthropogenen Dirigenten** gegenübergestellt. Außerdem wird zwischen **langsam und abrupt einwirkenden Dirigenten** unterschieden.

Zu den **langsam einwirkenden Klimadirigenten** zählen:
o die Himmelsmechanik
 o Durchgang des Sonnensystems durch die Spiralarme der Galaxie
 o Erdbahnparameter: Exzentrizität, Obliquität, Präzession
o die Sonnenzyklen
o die Ozeanzyklen
o die Treibhausgase*
o die Aerosole*
o die Biosphäre (z.B. großflächiger Verlust von Regenwald) *

Zu den **abrupt einsetzenden Klimadirigenten** zählen:
o Asteroideneinschläge
o die Ausbrüche von Supervulkanen mit Ausbreitung des Eruptionsmaterials in der Stratosphäre

Die mit * markierten Dirigenten sind mehr oder weniger menschengemacht.

Die von den Klimadirigenten ausgesendeten Signale sind sehr unterschiedlich

Kosmische Taktgeber wie Himmelsmechanik und Sonnenzyklen sowie Ozeanzyklen haben **langperiodische auf- und abschwellende schwache Signale,** von **pianissimo bis piano,** gemeinsam.

Dagegen handelt es sich bei einem Asteroideneinschlag um ein einmaliges Signal, das gewaltig, **fortissimo**, sein kann, wie beim Einschlag im Yukatan, Mexiko, vor 66 Millionen Jahren. Vulkane können **einmalig oder seriell** ausbrechen. Die Folge ist in beiden Fällen ein Temperaturabfall. Nach dem Asteroideneinschlag im Yukatan kam es zu einem langanhaltenden globalen Kälteeinbruch, der zu einem Massensterben von Tieren und Pflanzen führte.

Mit dem Beginn der Industrialisierung sind zwei Klimadirigenten mit umgekehrtem Vorzeichen dazugekommen, nämlich die Treibhausgase (THG) und die Aerosole. Die anthropogenen Klimaveränderungen entwickeln sich in eine Richtung, sie verlaufen monodirektional aufsteigend, **crescendo** oder absteigend, **decrescendo**. Die THG lösen positive, die Aerosole negative Strahlungsantriebe aus.

Die schwachen Signale der langsam einwirkenden Klimadirigenten werden -über die Zeit(!)- durch **Rückkopplungen, die alle gemeinsam das Klimaorchester bilden,** überproportional verstärkt. Insofern spielt gerade bei diesen Klimadirigenten das Klimaorchester für die späteren Klimaveränderungen die entscheidende Rolle, weil die schwachen Signale der Klimadirigenten eben nur die Bedeutung eines geringfügigen Anstoßes haben.

Die Tab. 5 gibt eine Übersicht über die wichtigsten langsam einwirkenden Klimadirigenten mit ihren Zykluslängen und die späteren rückkopplungsbedingten deutlichen Veränderungen der Globaltemperatur. **Die Himmelsmechanik mit den Durchgängen unseres Sonnensystems durch die Spiralarme unserer Galaxie sowie den Erdbahnparametern, die Sonnenaktivitätszyklen (kurz Sonnenzyklen) und die Ozeanzyklen dirigieren das Erdklima seit Millionen von Jahren, und zwar in Form von charakteristischen ineinander verschachtelten zyklischen Klimaveränderungen.** Die Zykluslängen variieren gewaltig von circa 150 Million Jahren bis zu 60 Jahren. **Die anthropogenen Treibhausgase verursachen hingegen Temperaturveränderungen in nur eine Richtung (monodirektional), entweder aufoder absteigend.**

Wenn es um die Einschätzung des anthropogenen Anteils beim aktuellen Klimawandel mit einem Temperauranstieg von etwa 1°C innerhalb von 200 Jahren geht, so müssen die seit Urzeiten auftretenden zyklischen Klimaveränderungen Berücksichtigung finden. Denn es ist kaum vorstellbar, dass diese durch menschgemachte Treibhausgasemissionen unterbunden werden.

Klimadirigenten	Zyklus-dauer in Jahren	Bezeichnung	Spezifizierung	Schwankungen der mittleren Globaltemperatur
				Regionale Schwankungen auf der Nordhalbkugel, hohe Breiten
Himmelsmechanik				
Durchgang unseres Sonnensystems durch die Spiralarme unserer Galaxie	~ 150 Mio.		Wechsel von Eiszeitaltern (E) und Warmzeitaltern (W)	E: 5°C bis 14°C W: 20°C bis 30°C
Erdbahnparameter Exzentrizität Obliquität, Präzession	23.000 41.000 100.000	Milanković-zyklen	Wechsel von Eiszeiten zu Warmzeiten	5°C bis 6°C bis 12°C

Sonnenzyklen					
1470 +/- 500 Jahre-Zyklus	Atlantische Strömungsänderung	Im Pleistozän 1470 +/- 500	Bondzyklen	Wechsel von Kaltphasen (Heinrich Ereignisse) zu Warmphasen (Dansgaard-Oeschger-Ereignisse)	~2°C bis ~10°C
		Im Holozän ~1.000	Bond-Ereignisse 9 prominente Kältephasen	Wechsel von Kaltperioden (Völkerwanderung, kleine Eiszeit) und Warmperioden (RWP, MWP und CWP)	~1,5°C (wissenschaftl. nur für die Nordhalbkugel belegt) einige Celsius-Grade in den hohen Breiten
Ozeanzyklen					
		50 – 70	PDO, AMO,	Wärmere und kältere Wassermassen werden in regelmäßigem Rhythmus großräumig umgewälzt	bis max. 0,5°C
		1 - 3	El Niño, ENSO,		
		5 –12 Monate	La Niña		
Treibhausgase					
		mono-direktional ansteigend	TCR nach 70 Jahren	Transient Climate Response	+ 1,35°C – 2°C
			ECS nach >1000 Jahren	Equilibrium Climate Sensitivity	+ 1,5°C – 4,5°C
Aerosole					
		mono-direktional abfallend	TCR	Transient Climate Response	- 2,2 W/m² bis - 0,4 W/m² Temperatur?
			ECS	Equilibrium Climate Sensitivity	

Tab. 5: Auflistung aller relevanten Klimadirigenten mit ihren Auswirkungen auf das Klima (eigene Darstellung)

Zu den **regionalen Klimafaktoren** zähle ich Faktoren, die das Klima regional beeinflussen, wie die geographische Breite, die geologische Höhe, das Ausgesetztsein gegenüber Sonne, Wind und Niederschlägen, die räumliche Nähe zum Meer und großen Gewässern und die Bodenbeschaffenheit und -bedeckung, die allesamt wiederum Temperatur, Luftdruck, Feuchtigkeit und Wind modulieren können.

Nun zu den Dirigenten des Klimas im Einzelnem:

1. Himmelsmechanik

Die Eigenbewegungen der Erde
und ihre Fortbewegung im All

erzeugen eine Vielzahl von Sachverhalten, die unser Leben auf der Erde beeinflussen.

Bevor ich auf diese näher eingehe, lassen Sie mich die **relevanten astronomischen Gegebenheiten** kurz zusammenfassen:

1. Die Erde dreht sich innerhalb von 24 Stunden um ihre Achse.
2. Die Erde umkreist die Sonne in einem Jahr, also circa 365 Tagen.
3. Die Erdachse steht zur Erdumlaufbahn schief (Obliquität). Die Obliquität schwankt zwischen 22,1 und 24,3 Grad. Zurzeit beträgt sie 23,4 Grad.
4. Die Rotationsachse der Erde kreiselt in einem Winkel von 23,5 Grad um die Senkrechte zur Ebene der Erdumlaufbahn (Präzession, s. Abb. 40)
   Das Kreiseln (**Präzession**) der Erdachse erfolgt in entgegengesetzter Richtung zur Erdrotation. Der Winkel zwischen der Erdrotationsachse und der Senkrechten zur Erdumlaufbahn beträgt ziemlich konstant 23,5 Grad. Der Kreisel- Vorgang verläuft ebenfalls zyklisch. **Die Dauer eines Kreiselvorgangs beträgt 25.800 Jahre**.

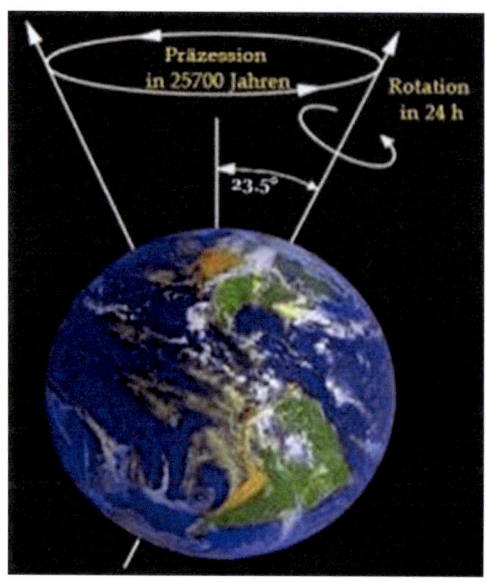

Abb. 40: Darstellung des Präzessionskreisels (Silbenstreif, 2012)

5. Die Erdumlaufbahn variiert zyklisch zwischen einer eher kreisförmigen und einer elliptischen Bahn (Exzentrizität) (s. Abb. 41). Seit 1 Million Jahren dauert ein **Zyklus ungefähr 100.000 Jahre**.

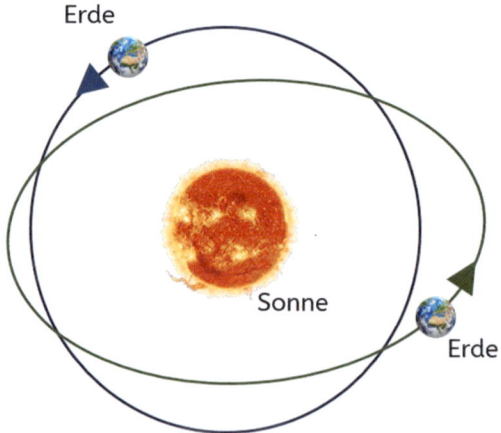

Abb. 41: Die Exzentrizität der Erdumlaufbahn (eigene Darstellung)

6. Unser Sonnensystem durchwandert die Spiralarme unserer Galaxie in riesigen Zeitabständen mit einer **Zyklusdauer von etwa 150 Millionen Jahren**.

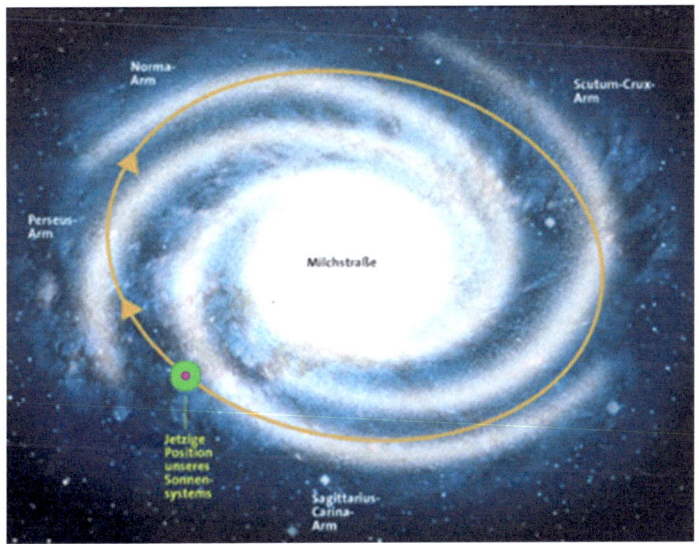

Abb. 42: Das Sonnensystem in der Milchstraße (Shaviv & Veize, 2003)

Auswirkungen dieser astronomischen Abläufe auf das Klima

Während die Punkte 1, 2 und 3 wahrnehmbare Veränderungen innerhalb eines Menschenlebens bewirken und uns deshalb bestens bekannt sind, haben die Punkte 4, 5 und 6 so große zeitliche Dimensionen, dass sie nicht von uns registriert werden können.

Die Punkte 1, 2 und 3 erzeugen den **Tag-/Nacht-Rhythmus**, die **Jahreszeiten** mit dem **sich verändernden Verhältnis zwischen den Tag- und Nachtzeiten**:

Ist die Erdachse der Sonne zugeneigt, am stärksten am 21.Juni, der Sommersonnenwende, so ist auf der Nordhalbkugel Sommer. Ist sie abgeneigt, am stärksten am 21. Dezember, der Wintersonnenwende, so ist auf der Nordhalbkugel Winter. Am 21.Juni steht die Sonne senkrecht über ihrem nördlichen Wendekreis, am 21. Dezember über ihrem südlichen Wendekreis. Am 21. Juni ist auf der Nordhalbkugel der längste, am 21. Dezember der kürzeste Tag des Jahres. Am 21. März und am 21.September sind Tag und Nacht gleich lang- wir sprechen auch von der Tagundnachtgleiche. Die Sonne steht an diesen Tagen senkrecht über dem Äquator (s. Abb. 43).

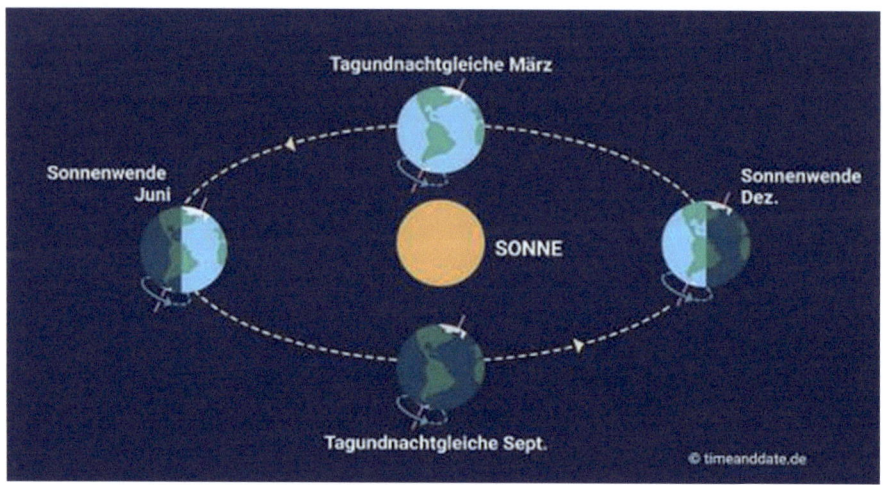

Abb. 43: Die Tag- und Nachtzeiten auf der Erde (Bikos & Kher, o.J.)

Die Änderung der Obliquität um gut 2 Grad innerhalb von 41.000 Jahren hat Auswirkungen auf die hohen Breiten: Auf dem 50. Breitengrad Nord liegen diese immerhin bei 20 W/m² Strahlungsenergie. Im Falle eines kleinen Winkels gen 22,1 Grad wird der Sommer etwas kühler und der Winter dafür etwas milder. Das allerdings wird innerhalb eines Menschenlebens nicht wahrgenommen.

Die Punkte 4, 5 und 6 spielen sich in zeitlichen Dimensionen von Zehntausenden bis Millionen von Jahren ab. Gemeinsam mit den Punkten 1, 2 und 3 haben sie langandauernde Auswirkungen auf unser Klima:

Der Zyklus der Präzession hat Auswirkungen bzgl. der Sonnenintensität und liegt zum Beispiel auf dem 50. Breitengrad Nord bei immerhin 70 bis 100 W/m². **Die Präzession (lat. Voranschreiten) führt zu einer langsamen zeitlichen Verschiebung -einem Voranschreiten- der Eintrittsdaten der gesamten Jahreszeiten**: In 12.900 Jahren haben wir im derzeitigen Winter Sommer, weil die Erdachsenneigung dann exakt gegensätzlich ist (s. Abb. 44).

Das Voranschreiten der Jahreszeiten auf der Nordhalbkugel
durch die Präzession der Erdachse

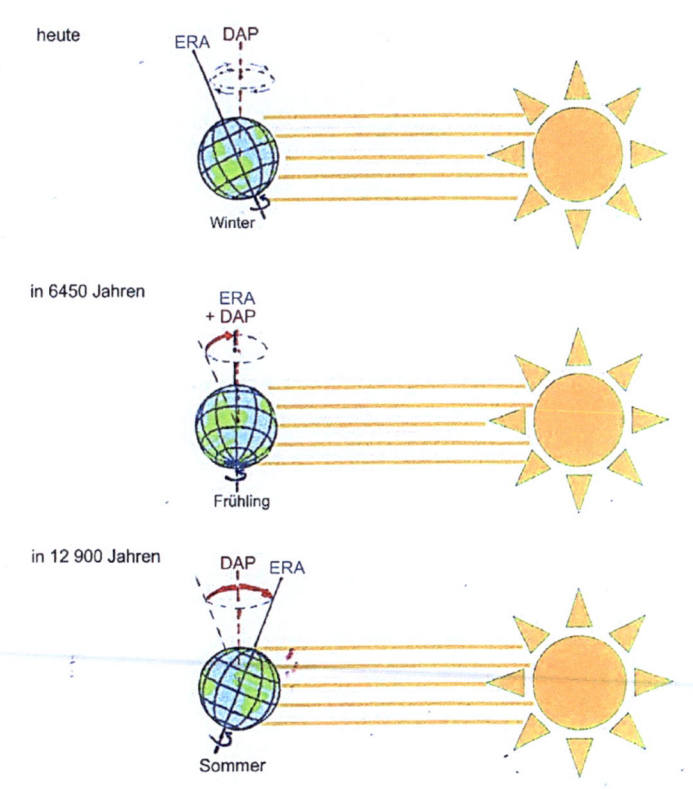

Abb. 44: Die Präzession heute, in 6.450 und in 12.900 Jahren, DAP=Drehachse der Präzession, ERA=Rotationsachse der Erde, in der mittleren Zeichnung ist die DAP um 23,5° in der Raumebene nach hinten gekippt (eigene Darstellung)

Ein weiterer Effekt der Präzession ist die **veränderte Ausrichtung der Erd-achse zum Himmel**: Während die nach Norden ausgerichtete Erdachse heute annähernd auf den **Polarstern** zeigt, wandert sie langsam aber stetig weiter und ist in fernerer Zukunft auf andere Sterne und Sternbilder gerichtet.

Zwanzig Milanković-Zyklen im Pleistozän

Die zyklischen Änderungen der **Exzentrizität der Erdumlaufbahn**, der **Prä-zession** und der **Obliquität** führen gemeinsam zu einem **ständigen Wechsel von Kalt- und Warmzeiten im letzten Eiszeitalter (Pleistozän),** in dem wir derzeit leben.

Während ihrer Sonnenumkreisung ist die Entfernung der Erde zur Sonne mal kürzer, mal länger. Die Schwerkraft der Sonne zwingt die Erde auf ihre Umlauf-bahnen. Die Erdumlaufbahn schwankt zyklisch zwischen eher kreisförmig und elliptisch. Je elliptischer die Form der Umlaufbahn, desto größer sind die Tempe-raturunterschiede: Bei minimaler Exzentrizität, also fast kreisförmiger Umlauf-bahn, beträgt die Abweichung der Sonneneinstrahlung nur 2 %, bei maximaler Exzentrizität immerhin 23 % der Sonneneinstrahlung. Durch eine Überlagerung von drei Zyklen, die jeweils von den übrigen Planeten unseres Sonnensystems abhängen, **dauert der Gesamtzyklus** der sich verändernden Erdbahnform, von eher kreisförmig bis elliptisch und wieder zurück, ungefähr **100.000 Jahre, und zwar seit etwa 1 Million Jahren.** Die Schwankungen der Sonnenenergie für den gesamten Globus liegen bei nur 2,4 W/m² **Die Exzentrizität gibt nur gemeinsam mit den anderen Variablen wie Obliquität und Präzession den Anstoß für die regelmäßigen Schwankungen zwischen Kalt- und Warm-zeiten im Pleistozän.** Denn um eine Kaltzeit herbeizuführen, ist nicht allein die mittlere Erdtemperatur, sondern eine reduzierte Sonneneinstrahlung im Winter ausschlaggebend: **Wenn die Sonnenenergie im Sommer so niedrig ist, dass weniger Eis schmilzt als im Winter gebildet wird, kommt es zur Kaltzeit. Um allerdings Temperaturunterschiede von fünf bis sechs Grad zwischen den Kalt- und Warmzeiten zu erzielen, sind die oben genannten Rückkopplungsmechanismen erforderlich.** Die Zyklen der Exzentrizität, der Obliquität und der Präzession mit den resultierenden Kalt- und Warmzeiten im letzten seit 2,6 Millionen Jahren bestehenden Eiszeitalter, dem Pleistozän, sind eng mit dem Namen **Milanković** verbunden. Milutin **Milanković** hat diese Zyk-len erkannt und ihre Auswirkungen auf das Klima beschrieben. Deshalb werden sie als **Milanković-Zyklen** bezeichnet.

Sechs Eiszeitalter in den letzten eine Milliarde Jahren

Was hat die Wanderung unseres Sonnensystems- und damit die Wanderung der Erde- durch die Spiralarme unserer Galaxie mit unserem Klima zu tun?

Unser gesamtes **Sonnensystem durchwandert in riesigen Zeitabständen von circa 150 Millionen Jahren die Spiralarme unserer Galaxie** (s Abb. 42). **Diese Bewegung soll die Ursache für die fünf oder sechs Eiszeitalter während der letzten Milliarde von Jahren** sein. Möglicherweise spielen aber auch die Erdbahnparameter gemeinsam mit sehr langfristigen Veränderungen der Sonnenstrahlungsleistung eine Rolle.

Das Wichtigste in Kürze!

o **Die Himmelsmechanik dirigiert das Erdklima in hohem Maße**. Sie taktet die Globaltemperatur, die Temperaturverteilung, die Prägnanz und Eintrittszeit der Jahreszeiten sowie die Tag- und Nachtzeiten. Die Tonangeber für die Änderungen der Globaltemperaturen bleiben allerdings die Rückkopplungen.

Zur Globaltemperatur

o **Die Milanković-Zyklen basieren auf zyklischen Veränderungen von Exzentrizität, Obliquität und Präzession. Sie sind für den 100.000-jährigen Zyklus von Kalt- und Warmzeiten im Pleistozän mit Differenzen der Globaltemperatur von 5 bis 6°C verantwortlich.**

o Die Wanderungen unseres Sonnensystems durch die Spiralarme unserer Galaxie haben wohl zum Auftreten der letzten sechs Eiszeitalter geführt.

Zu Temperaturverteilung, Prägnanz und Eintrittsdatum der Jahreszeiten, Tag- und Nachtzeiten

o Die Schiefstellung (Obliquität) der Erdachse sorgt für:
  o die Existenz der vier Jahreszeiten
  o die sich verändernden Tag- und Nachtzeiten
  o eine Temperaturverteilung nach Breitengraden
  o die derzeitige Ausrichtung der Erdachse auf den Polarstern.

o **Das Kreiseln (Präzession) der Erdachse modelliert in erheblichem Maße die soeben dargelegten Gegebenheiten**, die allesamt Folgen der Schiefstellung sind. **Denn durch das Kreiseln verändert sich die Stellung der Erdachse im Raum deutlich. Die Präzession führt außerdem zu einem Voranschreiten des Eintrittsdatums der Jahreszeiten**. Nach einer halben Kreiselbewegung, also nach 12.900 Jahren, ist der Eintritt der Jahreszeiten um ein halbes Jahr vorangeschritten. Das bedeutet: Circa im Jahr 15.000 n. Chr. wird auf der Nordhalbkugel dann Winter sein, wenn wir heute Sommer haben. Die Präzession führt zusätzlich zu einer veränderten Ausrichtung der Erdachse nach Norden. Das bedeutet, sie wird nicht mehr wie heute auf den Polarstern gerichtet sein.

2. Sonnenzyklen oder Sonnenintensitätszyklen:
bewirken wellenförmige Temperaturverläufe innerhalb der Milanković-Zyklen

Es werden zyklische Veränderungen der Sonnenaktivität mit unterschiedlichen Zykluslängen beobachtet, die durch **Schwankungen der Kernfusion im Sonneninneren** zustande kommen. Der Grund für diese Schwankungen ist noch nicht eindeutig geklärt. Wahrscheinlich haben bestimmte Planetenkonstellationen einen Einfluss auf die Sonnenaktivität. Es gibt Sonnenzyklen ganz unterschiedlicher Längen, die ich der Vollständigkeit halber einmal aufzähle: **der Sonnenflecken- oder auch Schwabe-Zyklus mit 11 Jahren, der Hale-Zyklus mit 22 Jahren, der Gleissberg- Zyklus mit circa 86 Jahren, der Suess- oder De Vries-Zyklus mit circa 210 Jahren, der Bond- Zyklus mit 1.470 Jahren und der Hallstatt-Zyklus mit 2.400 Jahren. Die beiden erstgenannten Sonnenzyklen spielen definitionsgemäß für das Klima keine Rolle, da sie sie nur unter 30 Jahre andauern.** All diese Zyklen überlagern sich und wirken miteinander teils verstärkend teils abschwächend.

Die Bond-Zyklen während der Kaltzeiten des Pleistozäns, die Bond-Ereignisse im Holozän

Von besonderer Bedeutung sind die von einer amerikanischen Arbeitsgruppe um Gerard Bond entdeckten **1.470 Jahre Zyklen, auch Bond-Zyklen genannt**, in deren Takt sich die **Kalt- und Warmphasen (Heinrich- und D-O-Ereignisse)** während der letzten großen Eiszeit und wohl auch allen vorangehenden Eiszeiten im seit 2.6 Millionen Jahre andauernden **Eiszeitalter Pleistozän** abwechselten. Eine besondere Bedeutung für die Bondzyklen hat der jeweils unterschiedlich weit nach Norden reichende warme Nordatlantikstrom (s. S. 27ff).

Für das Holozän schälte sich ein **1.000 Jahre-Takt, auch Milleniumtakt genannt, heraus. Kalt- und Warmperioden wechselten sich im 1000-Jahre-Zyklus ab.** Es wird aber ebenfalls ein 1.470-Jahre-Sonnenzyklus angenommen, weshalb auch von einem 1.470-Jahre-Zyklus plus/minus 500 Jahre gesprochen wird. **Die Kaltperioden werden als Bond-Ereignisse (s.u.) bezeichnet.**

Dem 1.470-Jahre-Zyklus liegen **Untersuchungen von Sedimentkernen aus dem Nordatlantik** zugrunde. Es wurden darin Lagen von **Eisbergschutt** gefunden. Diese Lagen wiederholten sich zyklisch, und zwar annähernd in diesem Takt. Der Hintergrund dafür ist, dass die Eisberge in den kalten Phasen besonders weit nach Süden gelangten, nämlich bis auf die Höhe westlich der Britischen Inseln. In den Zwischenzeiten erreichten die Eisberge hingegen nur deutlich nördlicher gelegene Regionen, weil sie zuvor bereits abgeschmolzen waren.

Innerhalb der jetzigen Warmzeit, dem Holozän, konnte das Forscherteam **neun prominente Kälteperioden im Milleniumtakt** nachweisen, die, wie gerade erwähnt, inzwischen als Bond-Ereignisse betrachtet werden. Die letzte Kaltperiode entsprach der **Kleinen Eiszeit**, die vorletzte der **Kälteperiode der Völkerwanderungszeit** (DACP, Dark Ages Cold Period). Davor lag die **Römische Warmperiode (RWP),** dazwischen die **Mittelalterliche Warmperiode** (MWP). Nach der Kleinen Eiszeit entwickelte sich die **moderne Warmperiode** (CWP, Current Warm Period). **Die ermittelten Schwankungen der mittleren Globaltemperatur zwischen den Kalt- und Warmperioden lagen bei 1,5°C** (s. Abb. 45) auf der Nordhalbkugel und in den hohen Breiten sogar bei einigen Celsius-Graden.

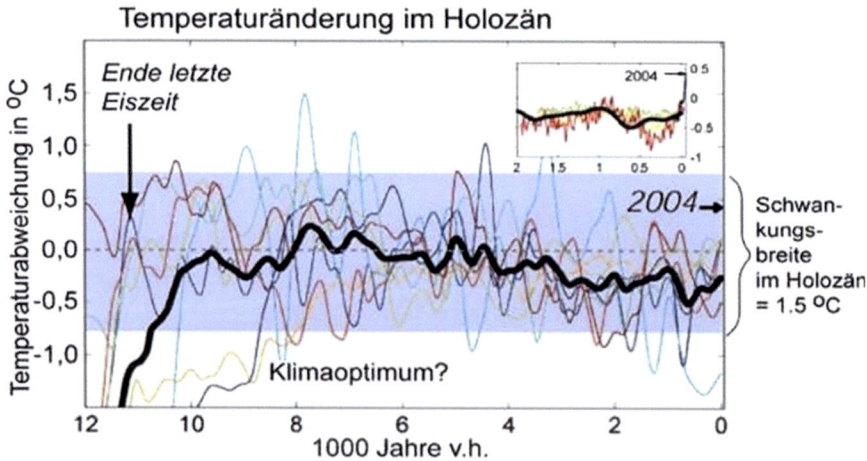

Abb. 45: Temperaturschwankungen im Holozän (Wikimedia Commons, 2021)

Auch in Deutschland fand die Wissenschaft entsprechende Hinweise in einer sauerländischen Tropfsteinhöhle, die die Temperaturschwankungen im Milleniumtakt während des Holozäns bestätigten (s. Abb. 46).

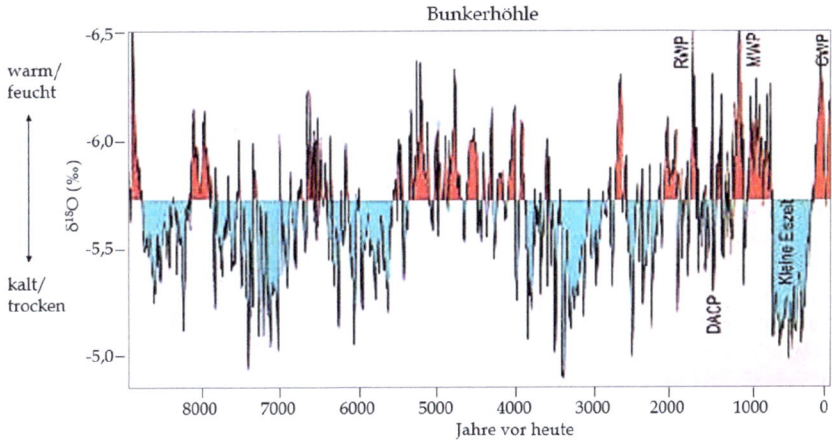

Abb. 46: Zyklische Temperaturschwankungen während des Holozäns im Sauerland im Milleniumtakt (Vahrenholt & Lüning, 2020, S. 56)

Aufgrund weiterer Untersuchungen wie zum Beispiel Studien an Kieselalgen in den Seen Alaskas konnte bestätigt werden, dass Kalt- und Warmphasen während der zeitlich unmittelbar vor dem Holozän gelegenen letzten Eiszeit (auch Weichsel-Kaltzeit genannt) auftraten und einen ähnlichen Rhythmus aufwiesen und damit die Untersuchungsergebnisse im Nordatlantik bestätigten. Die Kalt -und Warmphasen sind unter den Namen »Heinrich- Ereignisse« bzw. »Dansgaard-Oeschger-Ereignisse« bekannt. Die Verbindung dieser Ereignisse zu Bond besteht in dem von ihm erforschten und inzwischen anerkannten 1470-Jahre-Rhythmus. Darauf bin ich bereits im Kapitel zur Klimageschichte eingegangen. Die beschriebenen Kalt- und Warmphasen wurden in der Folge auch in vielen Studien in Europa, Afrika, Asien, Ozeanien, Nordamerika, Südamerika und der Antarktis bekräftigt. **Die Wissenschaft registrierte Schwankungen je nach Breitengrad von 1,5 bis 10°C und der Globaltemperatur von ungefähr 2°C.** Es ist aber noch unklar, inwieweit diese starken Zyklen während der letzten Eiszeit mit den weniger ausgeprägten Zyklen des Holozäns zusammenhängen, die wissenschaftlich bisher nur für die Nordhalbkugel belegt sind. Aus diesem Grund werden die 1000 Jahre Zyklen im Holozän auch (noch) nicht als Bond-Zyklen bezeichnet. Ihr Entdecker, Prof. Gerard Bond, ist leider im Jahr 2005 verstorben.

Die beschriebenen Temperaturschwankungen im 1470-Jahre-Takt sind Fakt. Ob die Temperaturschwankungen im Milleniumtakt während der letzten gut

11.000 Jahre auf alle Gebiete der Erde übertragen werden können, ist wie soeben erwähnt nicht geklärt. Dazu fehlen adäquate wissenschaftliche Forschungen, die allerdings zeit- und finanzaufwändig wären. Es bleibt abzuwarten, inwieweit der Weltklimarat ein Interesse an dieser Klärung hat. Er hat die Bondschen Untersuchungsergebnisse lange weitgehend ignoriert. Sie passen nämlich nicht zur These eines in erster Linie anthropogen verursachten Klimawandels. **Wenn die moderne Wärmephase CWP nur die Fortsetzung des natürlichen Kalt-Warm-Zyklus wäre, würde sich die Klima- Bedrohung völlig anders darstellen. Denn in diesem Falle wäre sie bloß anthropogen verstärkt.**

3. Ozeanzyklen:
starke Wirkung auf küstennahe Regionen, Beeinflussung der Globaltemperatur

Ozeanzyklen beruhen auf Temperatur- und Luftdruckunterschieden in regional genau definierten Meeresgebieten. Vermutlich werden sie ebenfalls durch Veränderungen der Sonnenaktivität ausgelöst. Offenbar werden wärmere und kältere Wassermassen in regelmäßigen Rhythmen großräumig umgewälzt. Die **Zyklen dauern circa 60 Jahre**, eine Zyklusphase (warm oder kalt) 20 bis 40 Jahre. Die **mittlere globale Temperatur wird von einigen Ozeanzyklen beeinflusst.** Sie prägen vorwiegend das Klima definierter Regionen in Form von typischen Klimaoszillationen und haben dort einen entscheidenden Einfluss auf Temperaturen, starke Regenfälle oder Dürren.

Die Pazifische Dekaden Oszillation, PDO, im Nordpazifik

Die PDO beschreibt Abweichungen von Meeresoberflächentemperaturen in definierten großräumigen Meeresgebieten **im nördlichen Pazifik** vom mittleren Normalzustand. Sie verläuft **in 50 bis 70-Jahre- Zyklen,** davon etwa 30 Jahre in einer positiven (PDO +) und etwa 30 Jahre in einer negativen Phase (PDO-). Wobei sich die **Benennung nach der Oberflächentemperatur des Meerwassers vor der Westküste Nordamerikas richtet.** Besonders betroffen von der PDO sind zum einen die Westküste der USA und Kanadas, zum anderen die Ostküste Russlands und Chinas (s. Abb. 47)

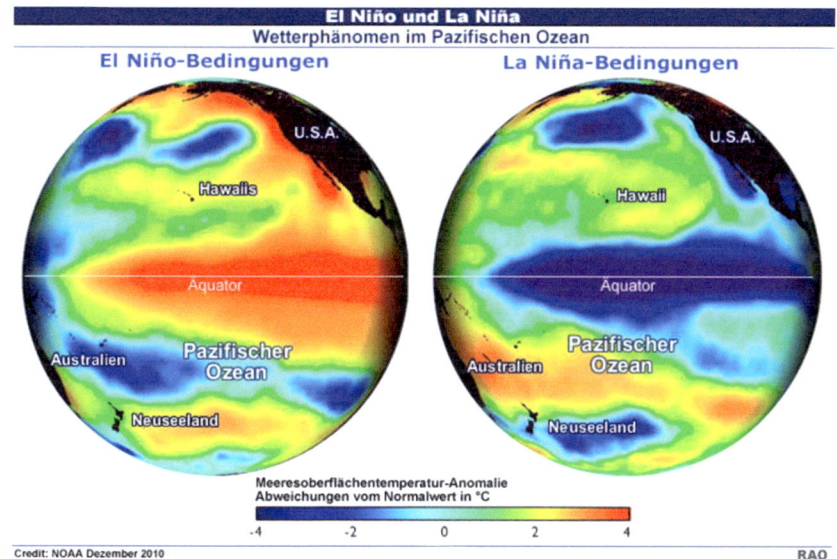

Abb. 47: Zustand des Pazifiks während einer warmen Phase (PDO+)mit El Niño links und einer kalten Phase (PDO-)mit La Niña rechts (Quelle siehe Bildunterschrift)

Während einer positiven Phase ist die Westküste der USA regelrecht aufgeheizt, die Ostküste Russlands hingegen abgekühlt. **Die Temperaturdifferenz der Wasseroberflächen liegt bei circa 1,4°Celsius. Während der positiven PDO-Phasen wird eine regelmäßige, wenn auch geringfügige, Erhöhung der Globaltemperatur gemessen, während der negativen PDO-Phasen dagegen eine geringfügige Erniedrigung.** Fallen jedoch positive PDO-Phasen mit positiven AMO-Phasen (siehe gleich) zusammen, wie z.B. 1975-1998, verstärkt sich der Effekt. In dieser Zeit haben die beiden positiven Phasen 30 bis 50 % der seinerzeitigen Erhöhung der Globaltemperatur um 0,4°C ausgemacht.

Die PDO-Phasen werden durch zeitweise auftretende Wassertemperaturveränderungen im östlichen tropischen Pazifik, El Niño und La Niña, erheblich modelliert:

El Niño, Southern Oscillation, ENSO, La Niña im tropischen Pazifik

Im tropischen Pazifik treten **nichtzyklische** ozeanografisch-meterologische Veränderungen in unregelmäßigen Abständen auf, die aber aus didaktischen Gründen hier aufgeführt sind.

Bei **El Niño** handelt es sich um eine **Warmwasserphase im östlichen tropischen Pazifik** vor der Westküste Chiles und Perus. Sie bewirkt eine **Abschwächung der Walkerzirkulation bis zur Umkehr der Luft- und Meeresströmung** (s. Abb. 48).

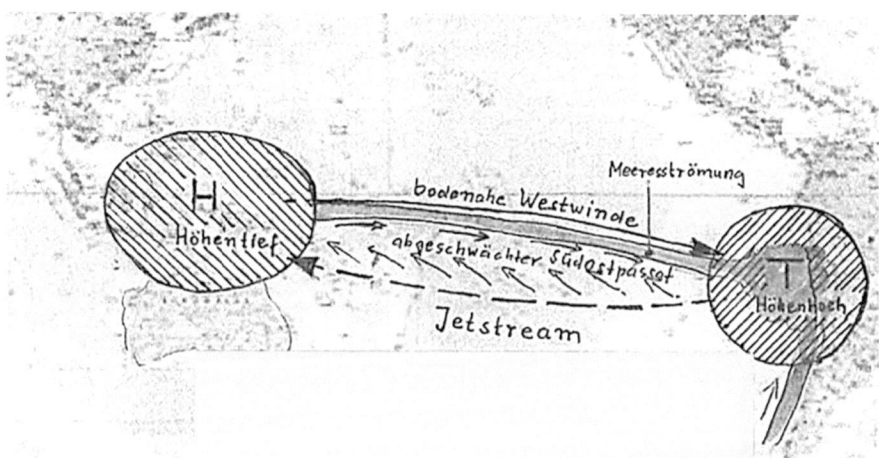

Abb. 48: Die Umkehr der Walker-Zirkulation im tropischen Pazifik, ENSO:
El Niño Southern Oscillation (eigene Darstellung)

Die Warmwasserphase kommt durch eine ungewöhnlich weit nach Süden bis zum südlichen Wendekreis gewanderte innertropische Konvergenzzone (ITC) zustande. **In Phase 1 kommt es zur Abschwächung der Walker-Zirkulation bis zum Stillstand:**

Der Südostpassat verliert an Wegstrecke und schwächt sich ab. Damit wird auch ein Antrieb des nördlichen Humboldtstroms schwächer. **Vor der Westküste Chiles und Perus wird das Wasser nicht mehr wie gewöhnlich weiter transportiert und erwärmt sich vor Ort. Über dem Warmwassergebiet steigt die Luft auf.** Das angestammte **bodennahe Hochdruckgebiet** schwächt sich zunehmend ab. **In Südostasien und vor Nordaustralien fehlt der gewohnte Nachschub an warmem Wasser. Hier kühlt es sich deshalb merklich ab, so dass sich das hier angestammte bodennahe Tiefdruckgebiet sukzessive abschwächt. Mit abnehmender Luftdruckdifferenz zwischen Südamerika und Südostasien erlahmen die Ostwinde bis zu ihrem Stillstand.** Das ist der Fall, wenn der Luftdruck in den beiden Regionen identisch ist.

In Phase 2 kommt es zur Umkehr der Walker-Zirkulation:

Wenn der bodennahe Luftdruck in Südostasien aufgrund des dort abgekühlten Klimas höher ist als der bodennahe Luftdruck an der Westküste Südamerikas, der wegen der dortigen Klimaerwärmung abgenommen hat, kommt es zu einer **Umkehr der Luftströmung**. Aus den ehemaligen Ostwinden werden nun Westwinde. **In gleicher Weise kehrt sich auch die Meeresströmung um.** Die Westwinde transportieren **feuchtwarme Tropenluft nach Peru, Bolivien und Chile**. In großen Höhen verbindet ein Jetstream in umgekehrter Richtung das neu entstandene Höhenhoch mit dem neu entstandene Höhentief. **Die Walker-Zirkulation hat sich komplett umgekehrt.** Diese phasenweise auftretenden Luftdruckschwingungen mit den Richtungsänderungen der Walkerzirkulation werden als **Southern Oscillation** oder El Niño Southern Oszillation, **ENSO**, bezeichnet.

Das hat besonders für das Klima in Bolivien, Peru und Chile schlimme Konsequenzen. Dort regnen gewaltige Wassermassen ab, es kommt zu Überschwemmungen und Stürmen bis zu Orkanen. Das aus dem Westen einströmende **Wasser** ist zudem **planktonarm** und **vertreibt die Meeresfische**. Der **Fischfang bricht zusammen. Diese »schöne Bescherung« kommt zur Weihnachtszeit, daher auch der Name – El Niño heißt übersetzt »das Christkind«.**

In Teilen Südostasiens und Nordaustraliens hingegen macht sich ein trockenes, kühleres Wetter breit.

La Niña hingegen bedeutet eine **Verstärkung der Walkerzirkulation**. Die Wassertemperaturen vor Südamerika können nochmals um 3°Csinken. **Bei La Niña handelt es sich um eine Kaltwasserphase des östlichen tropischen Pazifiks.** Dadurch entwickelt sich eine **noch größere Trockenheit in Chile (Atacama-Wüste), Peru und Bolivien.** In Südostasien und Nordaustralien gelangt wegen der verstärkten westwärts gerichteten äquatorialen Winde noch mehr feuchtwarme Luft nach **Südostasien und Nordaustralien**. Hier kommt es demgegenüber zu **extremen Niederschlägen**.

Die beschriebenen Ereignisse treten durchschnittlich alle 4 Jahre ein. El Niño dauert ein bis drei Jahre, La Niña bis zu einem Jahr.

El Niño und La Niña sind jeweils der großskaligen Temperaturverteilung im Nordpazifik aufgesetzt. El Niño verstärkt eine positive PDO, La Niña schwächt sie dagegen ab. La Niña verstärkt eine negative PDO, El Niño schwächt sie ab.

Es werden Zusammenhänge zwischen El Niño-Ereignissen und Wetterereignissen in weit entfernten Gebieten unserer Erde beobachtet. Die physikalischen Zusammenhänge sind allerdings noch nicht endgültig geklärt. Es zeigen sich jedoch **statistische Zusammenhänge mit El Niño-Phasen:** so werden **eisige Winter in Nord- und Osteuropa** und **wärmere Bedingungen im Frühling in Deutschland beobachtet. In Zentralafrika** treten **Dürren** auf.

Die Atlantische Multidekaden Oszillation, AMO, im Nordatlantischen Becken

Die AMO ist das Pendant zur PDO im Atlantik. Sie beschreibt Abweichungen der Meeresoberflächentemperatur **im Nordatlantik** vom mittleren Normalzustand. Die AMO verläuft ebenfalls in 50- bis 70- Jahre-Zyklen, davon circa 30 Jahre AMO+ und 30 Jahre AMO-. **Der AMO- Zyklus hinkt dem PDO-Zyklus um bis zu 20 Jahre hinterher.** In positiven AMO-Phasen gelangt warmes Meerwasser aus den Tropen durch veränderte Strömungsverhältnisse schneller nach Norden. Die Wassertemperaturen steigen leicht.

Der AMO-Zyklus hat einen bedeutenden Einfluss auf die Küstentemperaturen des gesamten nordatlantischen Beckens und die Sommertemperaturen in Europa. Die Wintertemperaturen dagegen sind dort weitgehend unabhängig von der AMO. **Eine zurzeit immer noch andauernde positive AMO-Phase hat seit 1990 zu längeren und wärmeren Sommern in Europa geführt und zu 10 bis 15 % mehr Niederschlag an den Atlantikküsten. Der gleiche Effekt wird zeitgleich an der Ostküste Nordamerikas und der Westküste Nordafrikas beobachtet. In der Arktis nimmt die Vereisung ab.** In den negativen AMO-Phasen ist es dagegen beiderseits des Nordatlantiks kühler und trockener. Im Falle des Zusammentreffens einer positiven AMO-Phase und einer positiven PDO-Phase werden stärkere Erwärmungen des Arktischen Ozeans mit entsprechenden Veränderungen auf den arktischen Inseln Island und Spitzbergen beobachtet. Das war in den 1930er bis 1940er Jahren und von 1975 bis 1998 der Fall. Die Nachwirkungen sind auch heute noch auf Spitzbergen zu beobachten, werden aber fälschlicherweise als Folgen des allgemeinen Klimawandels gedeutet. Davon haben sich angereiste deutsche Politikerinnen unter »fachlicher Beratung« mehrfach überzeugen können.

Das Wichtigste in Kürze!

o Unabhängig vom klassischen Jahreszyklus gibt es sehr viel länger dauernde zyklische Schwankungen (50 bis 70 Jahre) von Meeres- und Luftströmungen. Die bekanntesten sind die PDO und die AMO.

o Die PDO betrifft den Nordpazifik. Es handelt es sich um eine zeitgleiche Erwärmung des Nordostpazifiks und Abkühlung des Nordwestpazifiks, oder umgekehrt, je nach Phase. Die Temperaturdifferenz der Meeresoberflächen liegt bei etwa 1,5°C. Im Verlauf einer positiven PDO-Phase mit einer Hitzewelle an der Westküste Nordamerikas wird auch eine leichte Erhöhung der Globaltemperatur gemessen.

o Die AMO-Zyklen prägen die Küstentemperaturen des gesamten Nordatlantischen Beckens und die Sommertemperaturen Europas.

o Das gemeinsame Auftreten einer positiven PDO- und positiven AMO-Phase führt zu einer deutlichen Erhöhung der Globaltemperatur.

o El Niño (ENSO-Ereignisse) verstärken positive PDO-Phasen, La Niña Ereignisse hingegen negative PDO-Phasen.

o Schwankungen der Globaltemperatur aufgrund von Ozean-Zyklen müssen bei der Ursachenanalyse von Globaltemperaturerhöhungen stets Berücksichtigung finden.

Hier noch eine kleine Ergänzung zum Stand heute:

Wir sind seit 1990 in einer in einer positiven AMO-Phase und seit über zwei Jahrzehnten in einer negativen PDO-Phase mit wiederkehrenden La Niña Phasen.

Dementsprechend haben wir in Europa lange und recht warme Sommer und besonders an den Nordatlantikküsten viele Niederschläge und Hurrikans. An der Pazifikküste der USA herrscht dagegen Dürre mit hoher Brandgefahr. So gab es in Kalifornien immer wieder schwere Waldbrände. An der Westküste Südamerikas ist es während der La Niña-Phasen noch trockener als normal. Nordaustralien und Südostasien werden von Starkregenfällen mit Überschwemmungen heimgesucht, ebenfalls während der La Niña-Phasen. Aktuell prognostizieren Klimawissenschaftler für dieses Jahr eine El Niño-Phase.

4. Treibhausgase:
Wechselbeziehung zwischen Treibhausgasen und Sphären, Zusammenspiel von Emission und Absorption, Klimawirksamkeit

Im Rahmen des aktuellen Klimawandels sind die Treibhausgase (THG) in aller Munde, an erster Stelle das Kohlendioxid CO_2 und danach mit Abstand die anderen THG Methan, Lachgas und Ozon. Oft wird bei der Angabe von CO_2-Emissionen nicht deutlich gemacht, ob damit das CO_2 allein gemeint ist oder das CO_2 mitsamt den anderen Treibhausgasen unter Berücksichtigung von deren CO_2-Äquivalenten.

Auf das besonders wichtige Thema der Klimawirksamkeit der THG und ihrer Beteiligung am aktuellen Klimawandel gehe ich am Ende dieses Segmentes ausführlich ein (S. 134 ff).

Zusammensetzung der Atmosphäre

Zunächst sollten Sie eine Vorstellung über den Volumenanteil der THG in der Atemluft oder Atmosphäre haben. Mit Ausnahme des Wasserdampfes handelt es sich bei allen anderen THG um Spurengase, die zusammen nicht einmal 0,1 Volumenprozent unserer Luft ausmachen. Unsere **Atemluft besteht zu etwa 76 Vol. % aus Stickstoff N_2, 20 Vol. % Sauerstoff O_2, circa 3 % Wasserdampf H_2O, zu 1 Vol. % aus Edelgasen (vornehmlich Argon) und eben zu 0,1 % Vol. % aus Spurengasen.** (s. Abb. 49). Der Anteil von Wasserdampf schwankt stark, je nachdem, ob es sich um feuchte oder trockene Luft handelt.

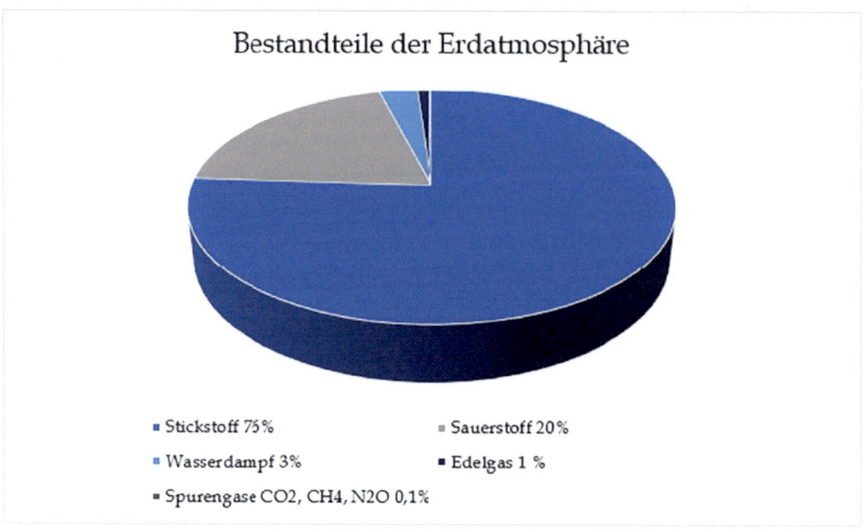

Abb. 49: Die Zusammensetzung der Atemluft (eigene Darstellung)

Die wichtigsten Treibhausgase sind: Wasserdampf (H_2O), Kohlendioxid (CO_2), Methan (CH_4), Lachgas (N_2O), Ozon (O_3) und fluorierte Gase.

Der globale Volumenanteil der Spurengase zueinander beträgt: CO_2 = 72 %, CH4 = 17 %, N_2O = 9 %, O_3 = 1 %, fluorierte Gase = 2 %. Die regionalen Volumenanteile differieren zum Teil erheblich. So ist beispielsweise der Volumenanteil von Methan über ausgedehnten Gebieten mit Reisanbau oder Viehwirtschaft sehr viel höher.

Alle Treibhausgase sind in der Lage, elektromagnetische Wellen im Infrarotbereich zu absorbieren.

Strahlungsantrieb der Treibhausgase

Die Bedeutung eines jeden Treibhausgases für unser Klima ergibt sich aus seinem **Strahlungsantrieb**, der aus der atmosphärischen Konzentration, der Verweildauer in der Atmosphäre und dem Treibhauspotential ermittelt wird. Da der IPCC davon ausgeht, dass der aktuelle Klimawandel ausschließlich auf die THG zurückzuführen ist, wird der seit 1750 akkumulierte positive Gesamt-Strahlungsantrieb von circa 2,7 W/m² (Stand 2019) einfach auf die THG verteilt.

	Atmosphärische Konzentration		Treibhaus-potenzial	Strahlungsan-trieb (W/m²) (Strahlungs-antrieb ent-spricht IPCC 2019)		Verweildauer in der Atmo-sphäre
	vorindustriell	aktuell				
CO_2	~280 ppm	~420 ppm	1	1.66	62 %	~ 120 Jahre*
CH_4	~730 ppb	~1900 ppb	~30	0.5	18 %	11 Jahre
N_2O	~270 ppb	~330 ppb	~300	0,16	6 %	110 Jahre
O_3	?	~50 ppb	~300	0,35	13 %	In Bodennähe 1: Woche In 8000m Höhe: mehrere Wo.

Tab. 6: Übersicht über die wichtigsten anthropogenen Treibhausgase (nach IPCC, 2021)

Es wird deutlich, dass dem Kohlendioxid eine besondere Bedeutung mit einem Anteil am gesamten Strahlungsantrieb der Treibhaus-Spurengase mit 62 % zukommt. Nähere Angaben zur Verweildauer von CO_2 finden Sie auf Seite 49ff.

Treibhausgase und Sphären

Der THG-Gehalt in der Luft hängt nicht nur von den menschengemachten Emissionen ab. Die Hauptrolle spielen vielmehr die Interaktionen zwischen der Atmosphäre und den vier anderen Sphären (Bereichen). Mit Interaktionen ist das Zusammenspiel zwischen Emission und Absorption gemeint. Die Erde verfügt mit der Luft (Atmosphäre), dem Wasser (Hydrosphäre), dem Lebensraum aller Lebewesen (Biosphäre), dem Erdboden (Pedosphäre) und dem Gestein (Lithosphäre) über fünf Sphären. **Die Sphären sind keine örtlich begrenzten Teilbereiche, sondern vielmehr Bereiche der belebten und unbelebten** Natur, die sehr stark **miteinander verwoben sind**. So sind beispielsweise Wasser und Lebewesen in allen natürlichen Sphären vertreten.

Für jedes THG sind emissionsfördernde Vorgänge, die **als Quellen** bezeichnet werden und absorptionsfördernde Geschehen, die **Senken** genannt werden, bekannt. Nun zu den Treibhausgasen im Einzelnen:

Kohlendioxid

Kohlendioxid (korrekt heißt es eigentlich Kohlenstoffdioxid) **ist ein geruch- und farbloses Spurengas in der Atemluft mit einem Anteil von 0,045 Volumenprozent. Davon sind 96 % natürlichen Ursprungs und 4 % menschgemacht.** Es ist ein für den Menschen völlig ungefährliches Gas. In der Pflanzenwelt ist es essenziell für die Photosynthese. Auch für Menschen und Tiere spielt es eine wichtige Rolle bei der Harnstoffausscheidung, der Verdauung und der Säurestabilität des Blutes. Aus Gründen der Übersicht beginne ich bei jedem Treibhausgas als Erstes mit seinen wichtigsten Quellen und Senken oder Gegenmaßnahmen.

Quellen und Senken

Die **wichtigsten natürlichen CO_2-Quellen** sind:
o Zellatmung aller Lebewesen
o Zerfall toter Organismen
o aktive Vulkane
o natürliche Waldbrände

Die **wichtigsten anthropogenen Quellen** sind:
o Verbrennung fossiler Energieträger
o Zementproduktion
o Brandrodung, Waldbrände durch Brandstiftung

Die **wichtigsten CO_2-Senken** sind:
o Ozeane
o Pflanzen
o Gesteinsverwitterung

Zu den **CO_2-Senken (Aufnehmern):**
Zu den wichtigsten schnell einsetzenden CO_2-Senken zählen **Ozeane** und **Pflanzen zu Land (Wälder, Torfmoose der Moore) und zu Wasser (Phytoplankton). Beide Teilsysteme gemeinsam sind in der Lage, etwa die Hälfte der jährlichen anthropogenen CO_2-Emissionen innerhalb kurzer Zeit aufzunehmen**. Bei der **Gesteinsverwitterung** handelt es sich dagegen um einen

CO_2-Senken-Prozess, der in Trägheit und Dimension in einen mehrfach größeren geochemischen Kohlenstoffkreislauf eingebunden ist und der in seinen Oszillationen auch für die Kalt- und Warmzeiten auf der Erde verantwortlich gemacht wird.

Zu den **CO_2-Quellen (CO_2-Produzenten):**

Alle Lebewesen auf Erden -Pflanzen, Tiere und Menschen- haben eine **Zellatmung**. Bei der Zellatmung wird Energie (in Form von Adenosintriphosphat, ATP) aus der Nahrung gewonnen. Im Rahmen der Zellatmung wird Sauerstoff O_2 eingeatmet und Kohlendioxid (CO_2) ausgeatmet.

Wenn **Lebewesen sterben,** wird der in ihrem Körper gespeicherte Kohlenstoff bei den Abbauprozessen an der Luft zu Kohlendioxid (CO_2) oxidiert.

Aktive **Vulkane** emittieren unstrittig CO_2. Wie hoch der Anteil an der globalen atmosphärischen CO_2-Konzentration ist, ist nicht genau bekannt. Genaue Messdaten fehlen besonders über Vulkanen unter der Wasseroberfläche.

Bei ausgedehnten **Waldbränden** und **Brandrodungen** werden ebenfalls stattliche CO_2-Mengen durch die Oxidation von Kohlenstoffen freigesetzt.

Die dargestellten CO_2-Quellen und CO_2-Senken befanden sich in der vorindustriellen Ära im Gleichgewicht. **Nun ist die Balance durch die anthropogenen Treibhausgasemissionen, vornan durch das CO_2, empfindlich gestört.**

Den bedeutendsten Anteil an den CO_2 Emissionen haben die Verbrennungen fossiler Energieträger wie Erdöl, Kohle und Gas sowie die Zementherstellung.

Ich halte es für wichtig, über anthropogene CO_2-Quellen genauer Bescheid zu wissen. Deshalb stelle ich Ihnen nun Diagramme vor, die die **sektorielle Aufteilung** und **den Vergleich nationaler** und **internationaler Emissionen** abbilden.

Die sektorale Aufteilung der anthropogenen CO_2-Emissionen in Deutschland

Ich habe vormals bereits darauf hingewiesen, dass es sich jeweils um Schätzwerte und nicht um Messwerte handelt. Um die Vergleichbarkeit von Treibhausgasemissionen zwischen unterschiedlichen Ländern zu gewährleisten, werden die **Emissionen in CO_2-**Äquivalenten (s. Abb. 50) angegeben, denn das Verhältnis zwischen Industrie zu Landwirtschaft kann sehr unterschiedlich sein und damit auch der Proporz der Treibhausgase zueinander.

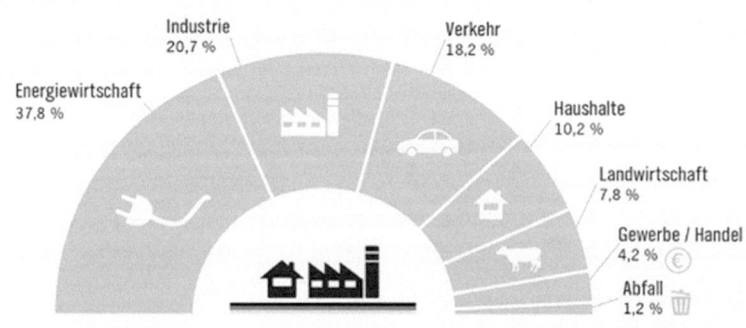

Grafik: NDR / Quelle: Bundesumweltministerium (2016)

Abb. 50: Die sektorielle Aufteilung der CO_2-Emissionen in Deutschland (NDR, 2019)

Unter **Energiewirtschaft im engeren Sinne ist die Stromproduktion** angegeben, die aus Kohle-, Gaskraftwerken und aus AKWs generiert wurde. Die CO_2-Emission von AKWs, die Mitte April 2023 abgeschaltet wurden, ist minimal!

Die **Industrie** generiert ihren Energiebedarf aus Erdgas, Strom, Mineralöl und Kohle.

Auch wenn im Diagramm für den **Verkehr** nur das Symbol eines PKWs dargestellt ist, sind ebenso LKWs, Flugzeuge, Containerschiffe und Bahn inbegriffen, die zurzeit fast alle noch mit fossilen Brennstoffen betrieben werden.

Die **Haushalte und Gebäude** werden zum größten Teil mit Erdöl und Erdgas, zu einem kleinen Teil mit Pellets beheizt.

Unter die Rubrik **Landwirtschaft** fällt der Betrieb sämtlicher landwirtschaftlicher Geräte, die fast ausnahmslos mit Dieselkraftstoff laufen, sowie die Beheizung der Ställe.

Alternative Energieträger finden hier selbstverständlich keinen Niederschlag, da bei ihrer Benutzung kein CO_2 anfällt.

Die weltweite Verteilung der Treibhausgasemissionen in CO_2-Äquivalenten

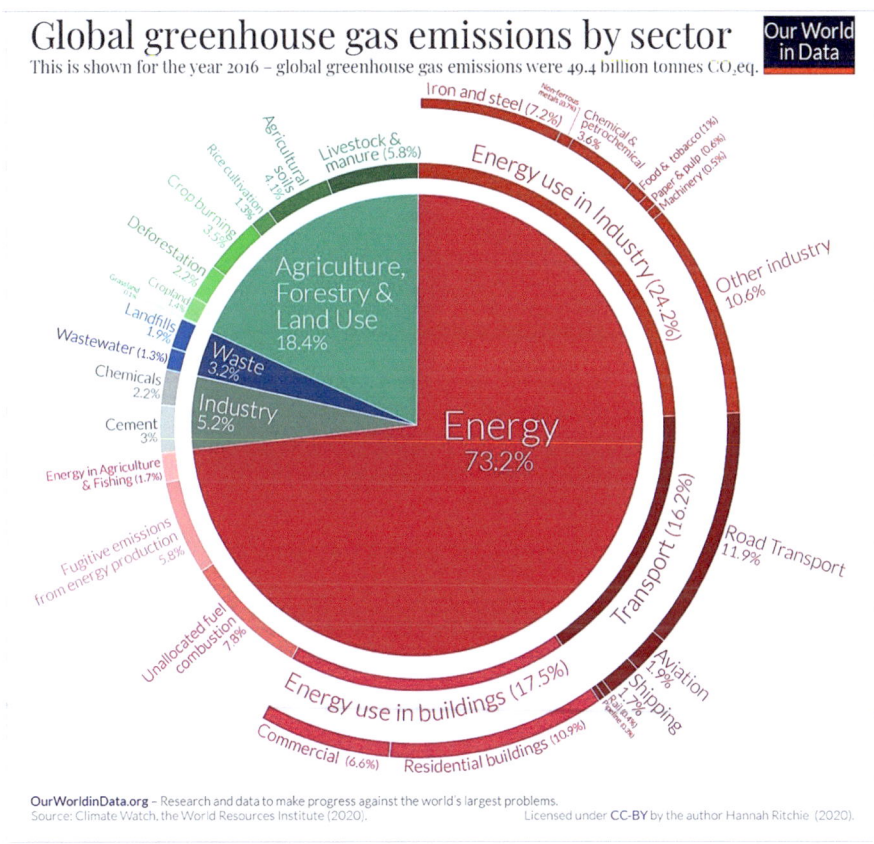

Abb. 51: Weltweite Verteilung der CO_2-Emissionen nach Sektoren (Ritchie, 2020)

Das Ranking der Länder in Bezug auf ihre Treibhausgasemissionen

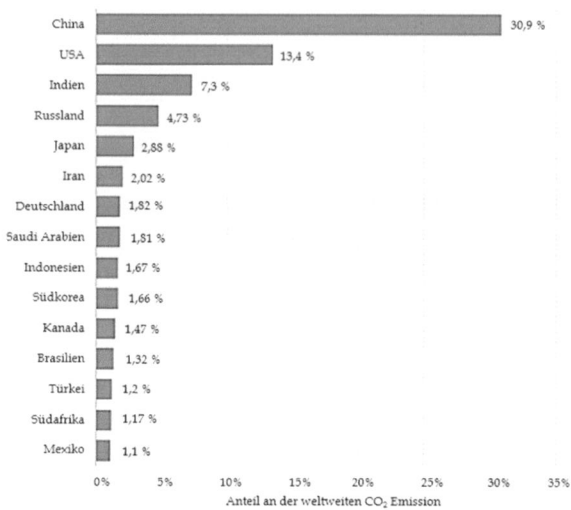

Abb. 52: CO$_2$-Emissionen weltweit nach Ländern 2021 (Global Carbon Project, 2022a)

Abb. 52 zeigt, dass **China mit Abstand die meisten Treibhausgase emittiert.** Das ist umso besorgniserregender als im Pariser Klimaschutzabkommen von 2015 dem Exportweltmeister China gestattet wird, seine CO$_2$-Emissionen bis zum Jahr 2030 um zusätzlich etwa 50 % zu erhöhen. Abb. 53 demonstriert eindrucksvoll, dass das von China gern angenommen wird.

Auffallend ist zudem, dass das wirtschaftsstarke Frankreich nicht im Ranking vertreten ist. Das liegt daran, dass Frankreich seinen Energiebedarf überwiegend mit Kernenergie deckt. Atomenergie wird vom IPCC ausdrücklich befürwortet.

Betrachten wir die **Entwicklung der CO$_2$-Emissionen** der Länder von 1970 bis 2019, so fällt der **enorme Zuwachs vonseiten Chinas** ins Auge (s. Abb. 53).

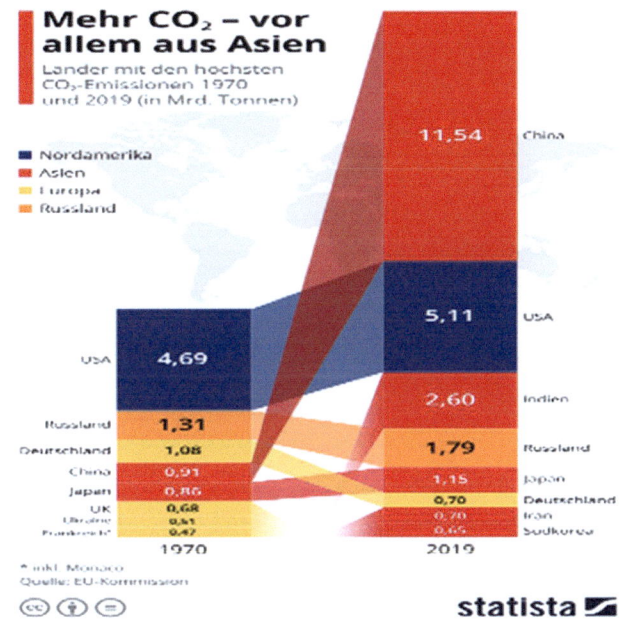

Abb. 53: Die Veränderung der CO$_2$-Emissionen mehrerer Länder von 1970 bis 2019. (Janson,2020)

Kohlenstoffspeicher in den Sphären, Kohlenstoffkreislauf, Struktur der Atmosphäre

Wie eingangs bereits erwähnt, hängt der Gehalt der Treibhausgase in der Luft vor allem von den Interaktionen mit den vier anderen Sphären und nur zu einem recht geringen Anteil von den anthropogenen Emissionen ab. Auch **das atmosphärische Kohlendioxid steht in einem ständigen Austausch mit den vier Sphären.** Austauschgeschwindigkeit und -menge werden entscheidend von der Art der Sphäre beeinflusst und sind sehr unterschiedlich.

Das Reservoir für den Austausch bilden die **Kohlenstoffdepots der fünf Sphären**. Sie speichern sehr unterschiedliche Mengen von Kohlenstoff (s. Abb. 54). Die Lithosphäre bildet das mit Abstand größte Depot. Unsere Erde besitzt etwa 75 Millionen Gigatonnen Kohlenstoff.

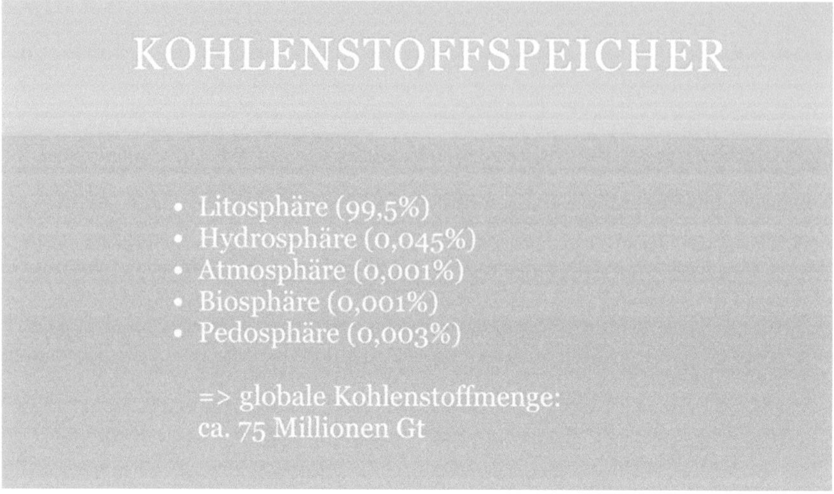

KOHLENSTOFFSPEICHER

- Litosphäre (99,5%)
- Hydrosphäre (0,045%)
- Atmosphäre (0,001%)
- Biosphäre (0,001%)
- Pedosphäre (0,003%)

=> globale Kohlenstoffmenge:
ca. 75 Millionen Gt

Abb. 54: Die Kohlenstoffspeicher der Erde (eigene Darstellung)

Der Kohlenstoff in den Sphären kommt in unterschiedlichen Verbindungen vor:

Während das **CO_2 in der Atmosphäre** selbst keinerlei Verbindungen eingeht, sozusagen **in Reinform** erhalten bleibt, liegt der Kohlenstoff in den anderen Sphären in Form von unterschiedlichen **organischen Verbindungen wie Cellulose, Zucker, Stärke, Proteinen und Fetten oder in Form von anorganischen Verbindungen wie überwiegend Karbonaten vor.** Das geschieht entweder unter der Vermittlung von Pflanzen und Tieren, speziell auch von Mikroorganismen oder einfach durch chemische Reaktionen.

Aus der Größe der Kohlenstoffdepots darf keinesfalls auf die Teilhabe an den Interaktionen zwischen den Sphären geschlossen werden. Die Aktivität in den Einzelabschnitten des Kohlenstoffkreislaufs (s. Abb. 55) ist also nicht vom Mengenverhältnis, sondern von der Größe der Kontaktfläche, ihrer Durchgängigkeit, der Stabilität der Kohlenstoffverbindungen und diversen physikalischen Einflüssen abhängig. **Ohne den Kohlenstoffkreislauf wäre ein Leben auf der Erde gar nicht möglich, denn Kohlenstoff ist der Baustein aller Lebewesen.**

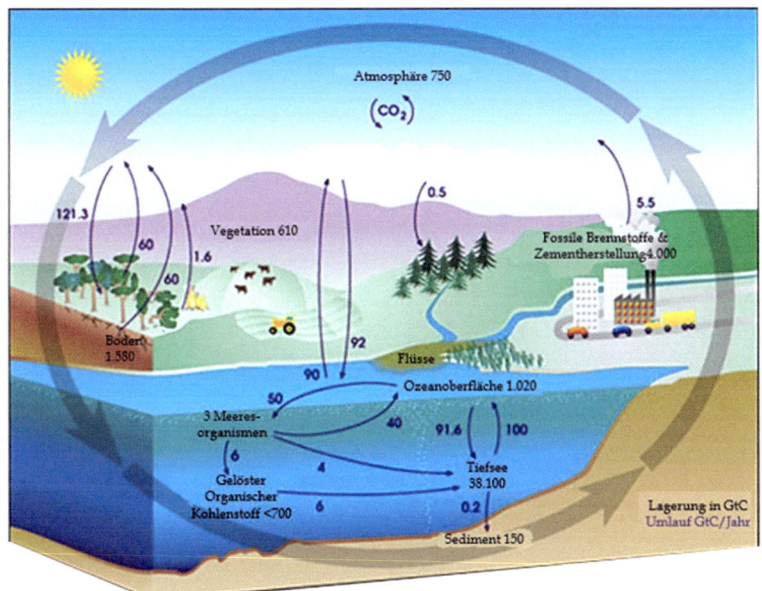

Abb. 55: Der Kohlenstoffkreislauf (nach NASA, 2023a)

Für das Klima spielt der Kohlenstoffkreislauf nur abschnittsweise eine Rolle: **Von besonderer Relevanz sind die CO_2-Austauschvorgänge der Atmosphäre mit den vier anderen Sphären.**

Struktur der Atmosphäre

Bevor ich auf diese näher eingehe, stelle ich den **Aufbau der Atmosphäre** vor, weil sich die klimarelevanten Vorgänge in unterschiedlichen Höhen abspielen. Deshalb sollten wir eine Vorstellung von Struktur der Atmosphäre haben. Diese ist mehrschichtig aufgebaut (s. Abb. 56).

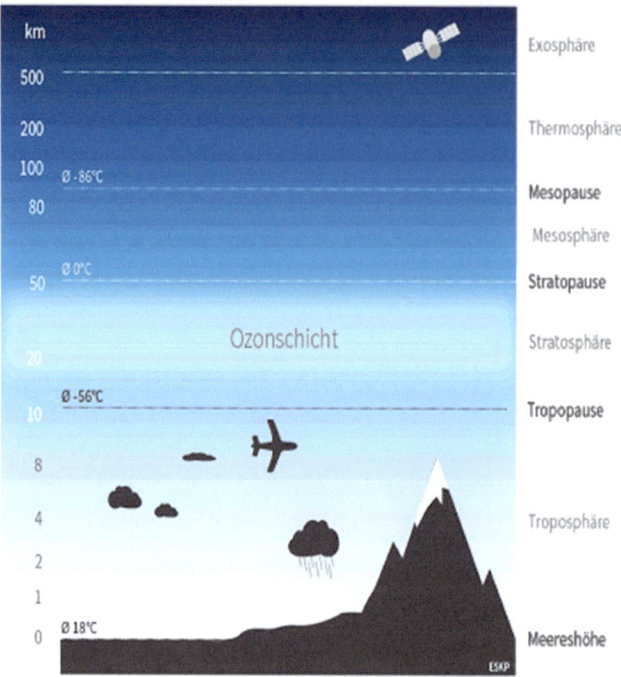

Abb. 56: Der Aufbau der Atmosphäre (Earth System Knowledge Platform, o.J.)

Für die Belange unseres Klimas ist die Troposphäre von besonderer Bedeutung, die in ihrer Höhe je nach Breitengrad von 8 Kilometern an den Polen und bis zu 18 Kilometern am Äquator variiert. Die **Tropopause** bildet die Grenzschicht zur **Stratosphäre**. Die Stratosphäre reicht bis zu einer Höhe von ca. 50 Kilometern und endet mit der **Stratopause.**

Bei gewaltigen Supervulkanausbrüchen kann der Ausstoß der Vulkane bis in die Stratosphäre vordringen. In einer Höhe von circa 6000 Metern spielt sich der Treibhauseffekt ab, in einer Höhe von circa 3000m der Svensmarkeffekt (s. später). Die reflektierende Aerosolschicht befindet sich in der Stratosphäre nahe der Stratopause. Die natürliche Ozonschicht liegt in der Stratosphäre, die klimarelevante industrielle Ozonschicht in der Tropopause.

Nun aber zu den **Interaktionen der Atmosphäre mit den vier anderen Sphären im Einzelnen:**

Der CO₂-Austausch zwischen der Atmosphäre und der Hydrosphäre

Die Hydrosphäre (Hydro, griechisch. Wortstamm in Zusammenhang mit Wasser) umfasst das gesamte Wasservorkommen auf der Erde wie die Meere und Flüsse, das Grundwasser und auch den Wasserdampf in der Atmosphäre. Sie ist somit Bestandteil aller anderen Sphären. Abb. 57 illustriert den Kohlenstoffkreislauf zwischen der Atmosphäre und den Ozeanen.

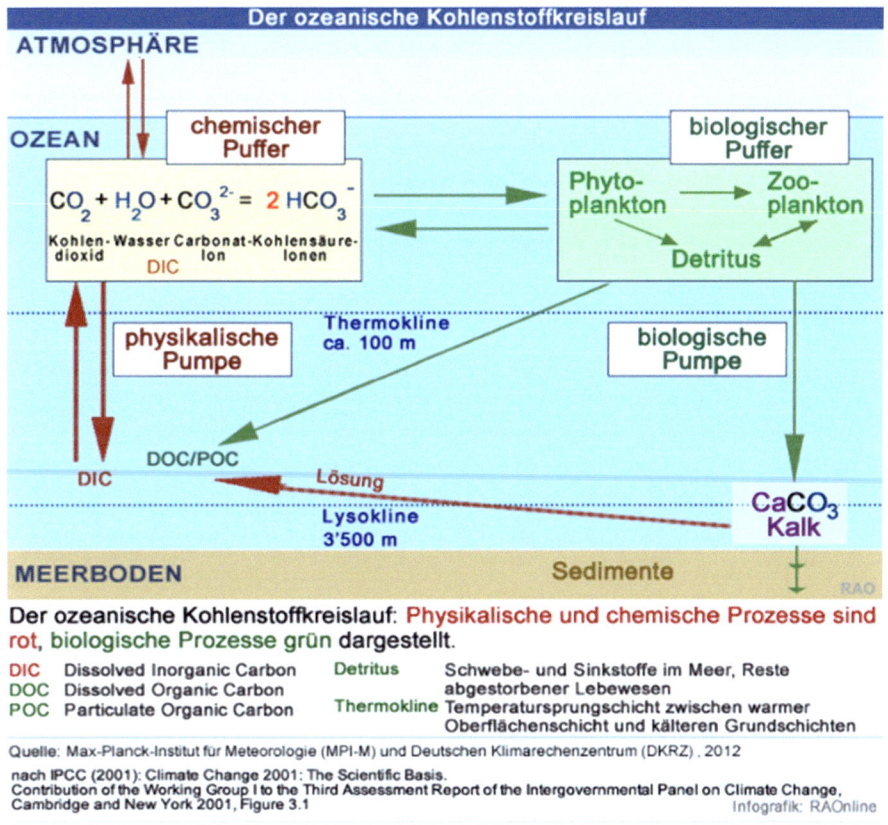

Der ozeanische Kohlenstoffkreislauf: Physikalische und chemische Prozesse sind rot, biologische Prozesse grün dargestellt.

DIC	Dissolved Inorganic Carbon	Detritus Schwebe- und Sinkstoffe im Meer, Reste abgestorbener Lebewesen
DOC	Dissolved Organic Carbon	
POC	Particulate Organic Carbon	Thermokline Temperatursprungschicht zwischen warmer Oberflächenschicht und kälteren Grundschichten

Quelle: Max-Planck-Institut für Meteorologie (MPI-M) und Deutschen Klimarechenzentrum (DKRZ) . 2012

nach IPCC (2001): Climate Change 2001: The Scientific Basis.
Contribution of the Working Group I to the Third Assessment Report of the Intergovernmental Panel on Climate Change,
Cambridge and New York 2001, Figure 3.1   Infografik: RAOnline

Abb. 57: Der Kohlenstoffkreislauf zwischen der Luft und den Ozeanen
(Quelle siehe Bildunterschrift)

Mengenmäßig am stärksten wird das atmosphärische CO_2 vom kalten Meerwasser der hohen Breiten, der Arktis und Antarktis, aufgenommen, das heißt zunächst physikalisch gebunden.

Die Konzentration des **im Wasser so aufgenommenen atmosphärischen Kohlendioxids** wird in der oberen Meeresschicht gemindert, indem es auf zwei Wegen gepuffert wird: Beim **chemischen Puffer** geschieht dies in Form einer chemischen Reaktion, in der das **CO_2** mit **Hydrogencarbonat** (Kohlensäure-Ionen, HCO_3^-) und **Carbonat** (CO_3^{2-}) **in einem festen Mengenverhältnis** steht, nämlich CO_2 = 1 %, Hydrogencarbonat = 91 % und Carbonat = 8 %. Beim **biologischen Puffer** spielt das **Phytoplankton** die maßgebliche Rolle. Es handelt sich dabei um »pflanzliches Plankton« aus einzelligen Pflanzen, die sich in den Meeresströmungen treiben lassen. Zu ihnen gehören auch die Algen. Sie nutzen Sonnenlicht, Kohlendioxid und Wasser, um im Photosyntheseprozess organisches Material zu erzeugen und sich damit selbst zu reproduzieren. Die meisten von uns kennen Algen aus Gartenteichen, die sich bei Sonne und hohen Temperaturen zügellos vermehren. Der in dieser Weise **organisch gebundene Kohlenstoff** macht sich auf einen langen Weg, um letztendlich als Kohlendioxid wieder in die Atmosphäre zu gelangen: Das Phytoplankton wird vom »tierischen Zooplankton«, zu dem auch Krill (garnelenförmige Krebstiere), Quallen und Fischlarven gehören, gefressen. Das Zooplankton ist wiederum die Ernährungsbasis für eine Vielzahl von größeren Meerestieren wie Robben, Pinguinen, Walen und Walhaien, Fischen, Krebsen, Muscheln etc. Nur 25 % des Phytoplanktons gelangen auf direktem Weg als abgestorbenes Material (Detritus) in die Tiefen der Meere. Die anderen 75 % geraten auf indirektem Weg in die Meerestiefen, indem sie, wie soeben erläutert, zunächst dem Zooplankton als Nahrung dienen. Die größeren Meerestiere werden nach ihrem Sterben ebenfalls zu zerfallenden organischen Substanzen. Sie sinken in Form von Gewebeteilchen (Particulate Organic Carbon, POC) oder gelöstem organischem Kohlenstoff (Dissolved Organic Carbon, DOC) in immer größere Tiefen. Bei zunehmendem Druck und abnehmender Temperatur nimmt ihre Konzentration immer stärker zu. Es setzt ein **Remineralsierungsvorgang** zu den anorganischen Kohlenstoffverbindungen (Dissolved Inorganic Carbon, DIC) CO_2 (Kohlendioxid), HCO_3^- (Hydrogencarbonat), CO_3^{2-} (Carbonat) ein. Der Absinkvorgang des Detritus bis zur Remineralisierung wird als **biologische Pumpe** bezeichnet. Die anorganischen Kohlenstoffverbindungen werden anschließend in noch größeren Tiefen der **physikalischen Pumpe** zugeführt, in die zusätzlich noch ein recht kleiner

Anteil an anorganischem Kohlenstoff aus den Kalkschalen und -skeletten der Meerestiere aus über 3500 Meter Tiefe gelangt. Der überwiegende Anteil von Kalkschalen und -skeletten jedoch sedimentiert und versteinert über Jahrtausende zu Carbonatgesteinen wie Kalkstein und Kreide. **Die der physikalischen Pumpe zugeführten anorganischen Kohlenstoffverbindungen werden per thermohalinem Antrieb an die Meeresoberfläche befördert, wo sie als CO_2 vorwiegend in den niedrigen Breiten, in den Tropen und Subtropen, in die Atmosphäre abgegast werden.** Die nun stark mit CO_2 aufgeladene Luft gelangt mit den polwärts gerichteten Luftströmungen in die Antarktis und Arktis. Das atmosphärische CO_2 wird jetzt wieder vermehrt im kalten Meerwasser aufgenommen. So schließt sich der Kreislauf.

Der gesamte Vorgang von der physikalischen Lösung des atmosphärischen CO_2 im Meerwasser, der chemischen und biologischen Pufferung, dem Absinken der organischen Kohlenstoffverbindungen als Detritus (biologische Pumpe), der Remineralisierung und die Einschleusung der anorganischen Kohlenstoffverbindungen in die physikalische Pumpe mit der Beförderung an die Meeresoberfläche und weiter in den Meeresströmungen bis zur Ausgasung des CO_2 in die Atmosphäre benötigt, je nach Ort des CO_2-Eintrags in das Meerwasser, bis 1.000 Jahre.

Die Ozeane sind ein besonders wichtiger Bereich für die Biosphäre, die einen ungeheuren Einfluss auf unser Klima hat: Das Phytoplankton nimmt im Rahmen der oxygenen Photosynthese gigantische Mengen von CO_2 auf, nämlich zwischen 50 und 80 % des atmosphärischen CO2. Das führt zu einer Reduktion der atmosphärischen CO_2-Konzentration um 150 bis 200 ppm. In gleichem Maße ist es an der Sauerstoffproduktion für unsere Atmosphäre beteiligt.

Der CO_2-Austausch zwischen der Atmosphäre und der Biosphäre

Die Biosphäre (Bios, altgriechischer Wortstamm für Leben) umfasst die Gesamtheit aller mit Lebewesen besiedelten Schichten der Erde und ist somit ebenfalls Bestandteil aller anderen Sphären. Auf die **wichtige Funktion der Biosphäre in den Ozeanen bei der Aufnahme riesiger CO_2-Mengen** habe ich ja soeben hingewiesen. **Der Kohlenstoffaustausch zwischen der Atmosphäre** und der Biosphäre ist besonders schnell bei den Pflanzen zu Land. Hier spielen die Wälder eine herausragende Rolle. Sie nehmen bei der Photosynthese große Mengen von CO_2 auf, um sie in Cellulose für die Zellwände und Polysaccharide (zum Beispiel Stärke) umzuwandeln. Bei der Photosynthese wird bekanntermaßen Sauerstoff freigesetzt, der für die Tiere und uns Menschen im Rahmen der Zellatmung besonders wichtig ist. **Bei der Zellatmung werden als Endprodukte Kohlendioxid und Wasser freigesetzt.** Das Kohlendioxid gelangt auf diesem Wege wieder zurück in die Atmosphäre. **Auch durch Brände und den Zerfall wird ein Teil des in den Pflanzen gespeicherten Kohlenstoffs wieder in Form von Kohlendioxid freigesetzt.**

Der CO_2-Austausch zwischen der Atmosphäre und der Lithosphäre

Die Lithosphäre (Lithos, altgriechisch Stein) reicht bis zu einer Tiefe von 40 bis 200 Kilometern. Sie bildet die Erdkruste und die oberste Schicht des Erdmantels. Sie besteht aus festem Gestein und umhüllt die Erde in Form von Lithosphärenplatten, auch tektonische Platten genannt, die sich über einer weicheren Schicht, der Asthenosphäre, gegeneinander bewegen und so Erdbeben, Tsunamis und Vulkanausbrüche auslösen können. Über ihr liegt normalerweise eine Bodenschicht, die Pedosphäre. Nur in großen Höhen ist nackter Fels.

In der Lithosphäre sind 75 Millionen Gigatonnen Kohlenstoff für Milliarden von Jahren eingelagert. Sie nehmen normalerweise am Kohlenstoffkreislauf nur geringfügig teil. Bei der Verwitterung von Gestein wird CO_2 gebunden. Besonders Basalt in Pulverform, das in Pilotprojekten auch als Dünger eingesetzt wird, könnte zur Verminderung des atmosphärischen CO_2 beitragen. **Eine Verbindung der Lithosphäre zur Atmosphäre besteht außerdem auf natürlichem Wege über Vulkanausbrüche. Die Verbrennung von fossilen Energieträgern wie Kohle, Erdöl und Erdgas,** die von Menschen aus dem Gestein gefördert werden, **hingegen ist unnatürlich und bringt den Kohlenstoffkreislauf aus seiner Balance.**

Diese fossilen Brennstoffe sind ehemals aus Plankton, Pflanzen und Tieren entstanden, die vor 50 bis 300 Millionen Jahren im Meer und an Land lebten. Nach ihrem Absterben fehlte zur Verwesung der nötige Sauerstoff, weil sie von einer Wasser- oder Schlammschicht bedeckt waren, was eine

anaerobe Zersetzung zur Folge hatte. Für besonders Interessierte nun eine kurze Ausführung zur Entstehung der fossilen Brennstoffe:

Die typische **Kohle**bildung nimmt ihren Anfang **in ausgedehnten Sumpf-wäldern von Tiefebenen oder in verlandeten flachen Meeren,** die beispielsweise zu Moorlandschaften wurden. Nach ihrem Absterben versinken diese Wälder vollends im Sumpf. Es kommt zu einem anaeroben Zersetzungsprozess mit der Bildung von Torf – »torfiges Sediment«-. Mit der weiteren Absenkung – infolge zunehmender Sedimentablagerung über dem Torf oder oft auch durch eine Meeresbedeckung – gerät der Torf unter hohen Umgebungsdruck und hohe Temperatur. Dies verursacht die **Inkohlung der torfigen Sedimente**: Der Druck presst das Wasser aus, und die hohe Temperatur bewirkt die **chemische Umwandlung von organischen zu weitgehend anorganischen Substanzen** wie Braunkohle, Steinkohle und Anthrazit. Kohlenstoff und der im organischen Restmaterial enthaltene Wasserstoff können Methan bilden, das je nach der Gasdurchlässigkeit der Deckschichten in der Kohle verbleibt und als Grubengas gefürchtet ist. Kohle besteht aus kristallinem Kohlenstoff, organischer Rest-substanz, Mineralien und Wasser – und Grubengas. Die Höhe des Anteiles an mineralischer, anorganischer Substanz wird als Kohlegrad bezeichnet, an der die Qualität der Kohle bemessen wird. Braunkohle hat den niedrigsten Kohlegrad.

Erdöl und Erdgas entstehen auf einem gemeinsamen Weg und treten deshalb häufig auch zusammen auf. Bei der Erdölförderung wird deshalb oft Erdgas als Nebenprodukt abgefackelt. **Im Meer abgestorbene und bis zum Meeres-boden abgesunkene Kleinlebewesen** verwandeln sich unter dem Einfluss von anaeroben Mikroorganismen zu **Faulschlamm**. Dieser wandert immer tiefer in den Meeresboden, wo er zunehmenden Temperaturen und zunehmendem Druck ausgesetzt ist. Letztendlich entstehen Kohlenwasserstoffe. Erdgas besteht überwiegend aus Methan, bei dem es sich um das kürzeste Alkan mit der chemischen Formel CH_4 handelt. Erdöl setzt sich aus einem Gemisch von vielen Kohlenwasserstoffen in Form von linearen, verzweigten oder ringförmigen Anordnungen zusammen. Die Entstehung der fossilen Brennstoffe dauert Jahrmillionen. In den Raffinerien wird das Erdöl in Heizgas (Methan), Benzin, Kerosin, Diesel, Schmieröl und Bitumen zerlegt.

Alle fossilen Brennstoffe enthalten Stickstoff und Schwefel. Bei den Ver-brennungsvorgängen ist die Oxidation dieser Stoffe zu berücksichtigen.

Der Kohlenstoff-Austausch zwischen der Atmosphäre und der Pedosphäre

Die Pedosphäre (Pedon, altgriechisch Boden) ist die **äußerste dünne Schicht der Erdkruste mit einer Tiefe von 5 Metern.** Sie ist eine Überschneidungszone von Hydrosphäre, Atmosphäre, Lithosphäre und Biosphäre und hat eine Vielzahl von Funktionen: **So werden Ausgangsgesteine (meist aus der darunter gelegenen Lithosphäre) durch Wasser, Luft, pflanzliche und tierische Lebewesen physikalisch und chemisch zersetzt und zu Humus umgebaut.** Die Pedosphäre kanalisiert Wasser oder speichert es durch ausgedehntes Wurzelwerk. **Sie stellt einen Lebensraum für eine große Zahl an tierischen und pflanzlichen Organismen dar.**

Humus, Torf und Bodensedimente sind in der Lage, große Mengen von CO_2 zu speichern. Bei der Oxidation von toten Organismen wird allerdings wieder CO_2 freigesetzt.

Klimarelevanz:

Das Kohlendioxid trägt im Vergleich zu den anderen Treibhausspurengasen mit **gut 60 % den Hauptanteil an der Klimaerwärmung**.

Das Methan

Methan ist ein geruch- und farbloses Spurengas in der Atemluft. Chemisch handelt es sich um CH_4 und damit um das kürzeste Alkan. Es ist **30-mal klimaschädlicher als Kohlendioxid** und **entsteht immer dort, wo organisches Material unter Luftabschluss abgebaut wird (anaerobe Zersetzung)**. Es bildet mit Luft ein explosives **Gemisch.** Die »Wetter-Explosionen« im Kohlebergbau im Falle von Methangasfreisetzung (Grubengas) sind gefürchtet. Wie ich vormals bereits dargestellt habe, **besteht Erdgas zu etwa 85 % aus Methan.** Während dieses Erdgas vor über 50 Millionen Jahren in den Tiefen der Meeresböden aus abgestorbenen Kleinstlebewesen unter dem Einfluss von anaeroben Mikroorganismen, zunehmendem Druck und steigenden Temperaturen entstand, erfolgt die **Genese von dem anderen Methan, von dem jetzt die Rede ist, sehr viel oberflächlicher und schneller. Dieses Methan entsteht ebenfalls aus organischen Bestandteilen wie Essensresten, Blättern, Wurzeln und Kot, die unter Luftabschluss** und dem Einfluss methanbildender Bakterien verrotten. Je feuchter und wärmer, desto besser.

Quellen

Die **wichtigsten Methanquellen** sind:
o Moore, Feuchtgebiete (Sümpfe), stehende Gewässer, Termiten
o Wiederkäuer (Rinderzucht), Reisanbau
o Methanlecks (Erdgas-, Erdölförderung, Pipelinetransport, Bergbau, Biogas-anlagen zur Vergärung von Biomaterialien zur Produktion von Methan zwecks Stromgenerierung und Wärme), Mülldeponien, Klärschlamm

Diese Punkte sind etwa zu je einem Drittel an den Methanemissionen beteiligt. Unter dem ersten Punkt sind alle natürlichen Methanquellen aufgeführt. Bei den Feuchtgebieten spielen die **tropischen Feuchtgebiete** eine bedeutende Rolle. Unter dem zweiten Punkt ist bereits mittelbar der Mensch beteiligt. Nach Welt-regionen sind Süd- und Südostasien durch **Reisanbau** und Südamerika durch **Rinderherden** die größten Methanproduzenten. Unter dem dritten Punkt sind alle unmittelbar anthropogenen Methanemissionen in Form von **Methanlecks** aufgeführt. Die Biomaterialien für die Biogasanlagen sind überwiegend Mais, Getreide und Gras, nur zu einem geringen Anteil Bioabfälle, Mist und Gülle. Die Wissenschaft räumt ein, dass die Beurteilung des tatsächlichen unmittelbar menschengemachten Beitrags zur Methanfreisetzung mit großen Unsicher-heiten verbunden ist. Und sie kann auch nicht den starken Anstieg der Methan-konzentration seit dem Jahr 2007 genau erklären.

Auf der Weltklimakonferenz in Glasgow im November 2021 wurde Methan als ein besonders wichtiger Faktor für die derzeitige Klimaerwärmung hervor-gehoben. Einer von der EU-Kommission zitierten Statistik des Weltklimarates (IPCC) zufolge »sei Methan für die Hälfte der bisherigen Klimaerwärmung von rund 1°C im Vergleich zur vorindustriellen Zeit verantwortlich« (s. Abb. 58)

UN-Klimakonferenz

Dutzende Staaten wollen Methan reduzieren

Stand: 02.11.2021 15:44 Uhr

Mehr als 80 Staaten haben sich in Glasgow einer Initiative der USA und EU angeschlossen, um den Ausstoß des Treibhausgases Methan bis 2030 um 30 Prozent zu verringern. Die USA stellten zudem einen "aggressiven" nationalen Plan vor.

Auf der Weltklimakonferenz in Glasgow haben sich mehr als 80 Staaten einer Initiative der EU und der USA angeschlossen, um den Ausstoß von klimaschädlichem Methan zu reduzieren. "Den Ausstoß von Methan zu reduzieren, ist eines der effizientesten Dinge, die wir tun können", sagte EU-Kommissionspräsidentin Ursula von der Leyen in Glasgow. Sie stellte den Pakt gemeinsam mit US-Präsident Joe Biden vor.

Stark verantwortlich für Klimaerwärmung

Methan entsteht zum Beispiel in der Landwirtschaft, auf Abfalldeponien oder in der Öl- und Gasindustrie. Einer von der EU-Kommission zitierten Statistik des Weltklimarats (IPCC) zufolge ist Methan für die Hälfte der bisherigen Klimaerwärmung von rund einem Grad Celsius im Vergleich zur vorindustriellen Zeit verantwortlich.

Abb. 58: Bericht der Tagesschau / ARD (Tagesschau, 2021)

Das ist in der Tat eine steile These, nachdem man während des letzten Jahrzehnts weltweit praktisch ausschließlich die Kohlendioxid-Emissionen geißelte und massive stringente Maßnahmen einleitete (Stichwort Dekarbonisierung).

Die Gegenmaßnahmen zur Methanfreisetzung

o Trockenlegung von Sumpfgebieten
o Verkürzung von Reisfeldüberflutungen
o Züchtung genetisch veränderter Rinder, Futterzusätze zur Verlangsamung der Archaeen im Pansen
o Essen von weniger Fleisch und Reis
o Abdichtung von Methanlecks an Pipelines, verbessertes Management von Mülldeponien, Klärschlamm- Reservoiren, Biogasanlagen

Klimarelevanz:
Das Methan dürfte zurzeit für gut **20 % der Klimaerwärmung** im Vergleich mit allen anderen Treibhausgasen verantwortlich sein.
Die Rückkopplungsmechanismen entsprechen denen von CO_2 und allen anderen Treibhausgasen.

Das Lachgas

Lachgas ist ein farbloses Gas mit süßlichem Geruch. Es hat eine schmerzstillende, betäubende Wirkung. Es ist **300-mal klimaschädlicher als Kohlendioxid.** Chemisch handelt es sich um Distickoxid (N_2O).

Quellen

Mit 57 % haben die natürlichen Lachgasquellen einen sehr hohen Anteil an den Lachgasemissionen: So werden **in küstennahen Ozeanen** durch aufsteigende Strömungen **stickstoffhaltige Nährstoffe (Proteine) an die Oberfläche transportiert, oxidiert** und **als Lachgas in die Atmosphäre** abgegeben. Vorrangig **in den Tropenböden bauen zudem Mikroben Proteine**

und andere Stichstoffverbindungen mithilfe von Sauerstoff ab (aerobe Zersetzung). Auch dabei wird Lachgas in die Atmosphäre emittiert.

Etwa 43 % des Lachgases in der Luft sind anthropogenen Ursprungs:

- Düngung
- Tierhaltung

$\Big\}$ 80 %

- Prozesse in der Chemischen Industrie
- Verbrennungsprozesse von organischen Substanzen, Kläranlagen

Die anthropogenen Hauptquellen von Lachgas stellen also die Düngung bzw. **Überdüngung** in der Landwirtschaft (s. Abb. 59) und die **Viehhaltung** dar.

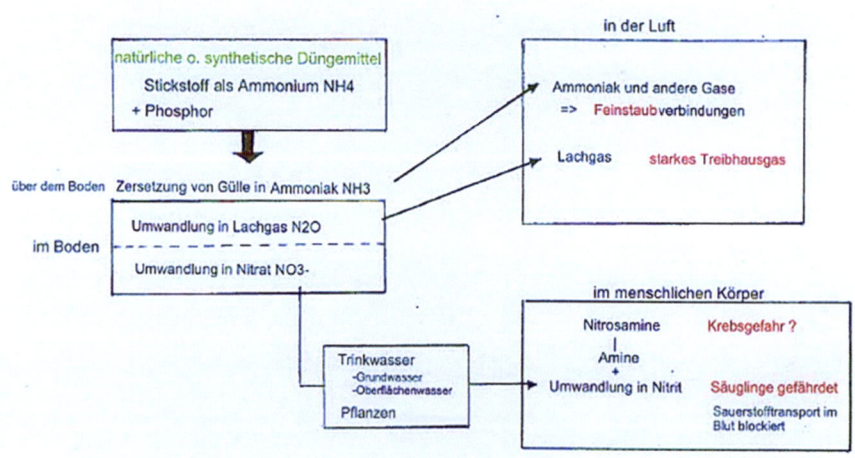

Abb. 59: Die stickstoffhaltigen Folgeverbindungen nach Ausbringung ammoniumhaltiger Düngemittel mit ihren Auswirkungen im Boden, im Trinkwasser, im menschlichen Körper und in der Luft. (eigene Darstellung)

Sowohl organische als auch synthetische Dünger enthalten Stickstoff als **Ammonium (**NH_4**)** und Phosphor, die das Wachstum der Pflanzen anregen. **Im Bo-**

den verbindet sich Stickstoff mit Sauerstoff zu **Nitrat,** das die Pflanzen für den eigenen Stoffwechsel und zum Aufbau von Eiweiß benötigen. Bei einer Über-düngung kann das Nitrat nicht vollends von den Pflanzen aufgenommen werden und gelangt letztendlich in unser Trinkwasser. **Im menschlichen Körper** wird es zu **Nitrit** umgewandelt und ist eine Gefahr für die Säuglinge, weil Nitrit den Sauerstofftransport im Blut blockiert. Aber auch für erwachsene Menschen könnte Nitrit gefährlich werden, weil es mit Aminen zu **Nitrosaminen** reagiert. Diese haben den Ruf Krebs hervorzurufen. Überschüssiger Stickstoff wird im Boden aber nicht nur in Nitrat, sondern auch in **Lachgas** umgewandelt. **Das Lachgas entweicht in die Atmosphäre und wirkt hier als starkes Treibhaus-gas**. Beim Düngen mit Gülle wird <u>über</u> dem Boden Ammoniak NH_3 (»echte Landluft«) freigesetzt. Ammoniak geht mit anderen Gasen in der Atmosphäre Verbindungen ein, die als **Feinstaub** wirken.

Die Gegenmaßnahmen zur Lachgas- und Ammoniakfreisetzung

o zielgerichtete Dosierung von Stickstoffdünger
o Einmischen von sog. Nitrifikationshemmern in den Stickstoffdünger zur Ver-langsamung der Umwandlung des Ammoniumdüngers in Nitrat.
o sehr bodennahes Ausbringen des Düngers (Schleppschläuche, Schlepp-schuhe, Düsen)

In der IEC- Richtlinie (National Emission Ceilings Direktive) der Europäischen Union wird gefordert, dass die Ammoniakemissionen bis 2030 um 29 % redu-ziert werden müssen. Das bodennahe Ausbringen von Düngemitteln soll bis 2025 verpflichtend sein.

Welche Klimarelevanz hat Lachgas?

Der Anteil des Lachgases am aktuellen Klimawandel dürfte bei rund 6 % liegen, siehe auch Strahlungsantrieb. Die Rückkopplungsmechanismen ent-sprechenden denen von CO_2 und allen anderen Treibhausgasen.

Das Ozon

Ozon ist ein farbloses giftiges Gas. Wir können es bei hohen Konzentrationen an seinem stechend-scharfen bis chlorähnlichen Geruch erkennen. Es löst entzündliche Reaktionen der Atemwege mit entsprechenden Atembeschwerden aus. Chemisch besteht es aus drei Sauerstoffatomen, (O_3). Sonnentage sorgen für erhöhte Ozonwerte in der Troposphäre. Das **natürliche Ozon** kommt vorwiegend in der unteren Stratosphäre vor (s. Abb. 60). **Das anthropogene Ozon** kann in allen Höhen der Troposphäre angetroffen werden. **Nur das troposphärische Ozon nimmt Einfluss auf das Klima.**

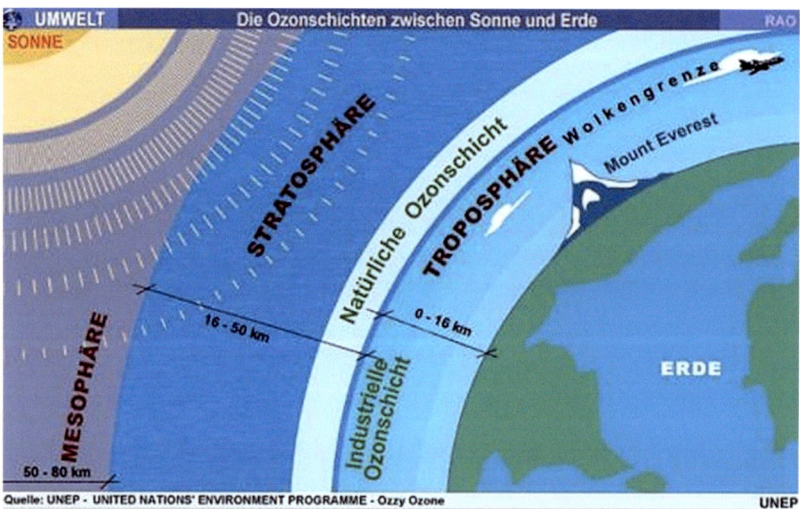

Abb. 60: Die natürliche Ozonschicht (RAOnline, o.J.)

Bevor ich auf das troposphärische Ozon näher eingehe, gestatten Sie mir einen kurzen Exkurs zum natürlichen Ozon. Dieses hat einen völlig anderen Entstehungsmechanismus als das in der Troposphäre. Durch harte UV-Strahlen wird der Sauerstoff (O_2) in der Stratosphäre in einzelne Sauerstoffatome aufgespalten, die sich mit dem Sauerstoff zu Ozon verbinden: $O + O_2 = O_3$. Das stratosphärische Ozon wirkt als Schutzschild vor UV-Strahlen. Es absorbiert nämlich etwa 90 % aller UV-Strahlen und schützt uns so vor Hautkrebs und schweren Augenerkrankungen. Über den Polregionen ist die stratosphärische

Ozonschicht besonders ausgedünnt. Wir sprechen von sogenannten Ozon-löchern, die vor allem durch fluorierte Kohlenwasserstoffe entstehen. Hier ist die Gefahr von Erkrankungen dieser Art besonders hoch.

Nun aber zum **klimarelevanten Ozon in der Troposphäre**. Dieses Ozon entsteht **unter dem Einfluss von Sonnenstrahlen** (photochemischer Prozess mit Abgabe von Photonen) **aus den Vorläufergasen Stickoxiden (NO_x, vor-rangig NO_2) und Kohlenmonoxid CO. Auf erhöhte Ozonwerte bei vielen aufeinanderfolgenden Sonnentagen habe ich eingangs bereits hingewie-sen. Flüchtige organische Verbindungen** verstärken diesen Prozess.

Das energiereiche Sonnenlicht spaltet beispielsweise NO_2 zu NO und O. Der dimere Sauerstoff O_2 in der Luft geht eine Verbindung mit dem einzelnen O-Atom ein. Somit entsteht O_3, das Ozon.

Wichtige Vorläufergase

Stickoxide NO_x (**NO_2**)
Kohlenmonoxid **CO**

Zuerst zum Stickstoff: Er ist ein Bestandteil im Protein aller fossilen Energie-träger.

NO_x wird meist als NO emittiert, das mit Sauerstoff schnell zu **NO_2** reagiert.

Anthropogen entstehen Stickoxide

o im Straßenverkehr, (Verbrennung fossiler Energien, insbesondere von Diesel-kraftstoff)
o bei der Biomassenverbrennung (Waldbrände, Verbrennung von anderen Bio-materialien)

Auf natürlichem Wege bilden sich Stickoxide

o bei Waldbränden
o durch die Aktivität von Boden-Mikroorganismen
o durch Blitze (Spaltung von Stickstoff-Molekülen und Oxidation zu NO_2)

Nun zum Kohlenmonoxid (CO): Es ist ebenfalls Bestandteil aller fossilen Ener-gieträger und von Holz.

CO entsteht durch:

o unvollständige Verbrennung von kohlenstoffhaltigen Abfällen und Holz

o unvollständige Verbrennung fossiler Brennstoffe im Straßenverkehr

o flüchtige organische Verbindungen (VOC-Volatile Organic Compounds)
  Sie geben bereits bei Raumtemperatur ihren Kohlenstoff in die Gasphase ab,
  wo er oxidiert. VOCs werden wiegend von der Vegetation emittiert und sind
  natürlichen Ursprungs. Anthropogen gelangen diese Stoffe bei der
  Verdampfung von Lösungsmitteln, von Farben, Lacken, Klebstoffen und
  Reinigungsmitteln in die Luft.

Das **Ozon in der Troposphäre** ist wie alle Treibhausgase in der Lage langwellige Infrarotstrahlen zu absorbieren. Das Absorptionsmaximum liegt bei 9,6 Mikrometern.

Die gesamte Menge des troposphärischen Ozons ist schwer abzuschätzen. Sie wird aus Satellitendaten nach Abzug der viel größeren Ozonmenge in der Stratosphäre abgeleitet (etwa 50 ppb). Für die direkte Messung zur Ermittlung der bodennäheren Werte gibt es eine nur spärliche Verteilung von Messstationen zum Beispiel auf Schiffen oder auf Flugzeugen. Die Ermittlung des vertikalen Ozon- Profils erfolgt durch sogenannte Ozonsonden.

Das Ozon gilt zurzeit als das drittwichtigste anthropogene Treibhausgas. Der **Anteil des Ozons am aktuellen Klimawandel** liegt verglichen mit den anderen Treibhausgasspurenelementen bei **circa 13 %.** Die Rückkopplungsmechanismen entsprechen denen von CO_2 und allen anderen Treibhausgasen.

Der Einfluss der Treibhausgase auf das Klima, Modelle und Prognosen

Der Kohlenstoffkreislauf wäre in einem Gleichgewicht, wenn der Mensch nicht mit dem Beginn der Industrialisierung permanent fossile Energieträger aus der Lithosphäre fördern und diese unter Ausstoß von Kohlendioxid in die Atmosphäre verbrennen würde. Das hat seit 1750 zu einem Anstieg der atmosphärischen Kohlendioxidkonzentration von 280 ppm auf knapp 420 ppm geführt (s. Abb. 17). Eine CO_2-Konzentration von 420 ppm ist wohl die höchste seit über 3 Millionen Jahren. Eine ähnlich starke Erhöhung erfuhren die Treibhausgase

Methan und Lachgas (s. Abb. 26). Die Globaltemperatur auf Erden stieg seit dem Ende der »Kleinen Eiszeit« um 1850 um 1.1°C, also annähernd zeitgleich mit der starken Zunahme des Gehalts an CO_2 in der Luft.

Treibhausgase und Klimawandel

Welchen Einfluss haben die Treibhausgase auf die Erhöhung der Global-temperatur der bodennahen Luft von gut 1°C seit 1850, also am aktuellen Klimawandel?

Vor der Antwort auf diese Frage sollten wir uns zunächst vor Augen führen, dass zwischen dem initialen Strahlungsantrieb des Eingangssignals und seinem Temperatureffekt zwar eine Eins zu Eins Linearität angenommen werden kann, aber dieses **lineare Verhalten zwischen Strahlungsantrieb und realem Wär-meeffekt nur vorliegt, solange keine Rückkopplungen einwirken**. Außer-dem erfolgt die Erwärmung aller Sphären der Erde nicht gleichmäßig, was die Beantwortung der Frage zusätzlich erschwert.

Wie hoch nun der Einfluss der Treibhausgase auf die realen Tempe-raturerhöhungen seit 1850 einzuschätzen ist, hängt vom zeitgleichen Eintrag von natürlichen Strahlungsantrieben durch Himmelsmechanik, Sonnen- und Ozeanzyklen sowie der gleichzeitigen Einwirkung von Rück-kopplungen ab. Die Wissenschaftler auf der Linie des Weltklimarates gehen von einer zu 100 % menschgemachten Erhöhung der Globaltemperatur aus, weil sie einen Einfluss von Rückkopplungen und natürlichen Strahlungsantrie-ben in der Zeit zwischen 1850 und heute absprechen oder ignorieren. Etliche Klimawissenschaftler, die beim Weltklimarat kein Gehör finden, melden jedoch bezüglich dieser Einschätzung ernste Zweifel an und begründen diese auch. Auf das Thema der anthropogenen vs. der natürlichen Strahlungsantriebe werde ich später noch näher eingehen.

Nun zu der Frage, mit welcher Erhöhung der Globaltemperatur durch die Treibhausgase zukünftig gerechnet werden muss?

Prognostische Aussagen dazu sind vage. Das liegt an der **unsicheren Be-urteilbarkeit der Klimawirksamkeit der Treibhausgase,** was vor allem mit den **Unwägbarkeiten der Rückkopplungen** zusammenhängt.

Bevor ich auf diese Thematik näher eingehe, möchte ich vorher noch auf Ungereimtheiten im Hinblick auf die **Korrelationen zwischen den CO_2-Emis-**

sionen und der atmosphärischen CO_2-Konzentration sowie zwischen der atmosphärischen CO_2-Konzentration und der oberflächennahen Globaltemperatur aufmerksam machen:

Im Jahr 2019 gab es aufgrund der Covid-19- Pandemie weltweit eine Reduktion der Treibhausgasemissionen um 8 %. Man sollte nun annehmen, dass sich diese Reduzierung in den Messwerten der atmosphärischen CO_2-Konzentration niederschlägt. Das aber war mitnichten der Fall. **Statt eines Rückgangs hat die CO_2- Konzentration in der Atmosphäre unbeirrt ihren Weg nach oben fortgesetzt.** Eine schlüssige Erklärung hierfür konnte die Wissenschaft nicht liefern.

Zwischen 1998 und 2014 gab es eine auffallende Pause in der Klimaerwärmung, die auch als Hiatus bezeichnet wird. Während dieser Zeit stieg ebenfalls die atmosphärische CO_2-Konzentration unbeirrt weiter. Der Weltklimarat erklärte den fehlenden Proporz zwischen der CO_2-Konzentration und der mittleren globalen Temperatur mit einer »internen Variabilität des Klimasystems« wie einer Umverteilung von Energie in die Ozeane. Als weitere Ursache wird ein veränderter Strahlungsantrieb der Sonne angenommen. Damit kam der Weltklimarat immerhin in diesem Zusammenhang einmal der Berücksichtigung dieser Klimadirigenten nach.

Jetzt aber zum Thema, mit welcher Veränderung der Globaltemperatur bei welcher Veränderung der atmosphärischen CO_2-Konzentration gerechnet werden muss. Dabei können die anderen Treibhausspurengase mit ihren CO_2-Äquivalenten durchaus mit einbezogen werden.

Die CO_2-(Gleichgewichts)-Sensitivität, ECS, und die vorübergehende Klimaantwort auf CO_2, TCR

Das Hauptproblem bei der Beurteilung der CO_2-Klimarelevanz ist, dass die Erwärmungswirkung des Kohlendioxids in der Luft nicht so einfach durch Experimente oder theoretische Berechnungen zu ermitteln ist.

Die Klimaempfindlichkeit gegenüber dem atmosphärischen CO_2 und den anderen Treibhausgasen wird deshalb heftig diskutiert. Dabei spielen zwei Computermodelle eine besondere Rolle: das eine Modell bildet die **endgültige Klimaerwärmung nach über 1.000 Jahren** infolge einer sofortigen Verdopplung der atmosphärischen CO_2-Konzentration ab, das andere Modell eine **vorüberge-**

hende Klimaantwort nach circa 70 Jahren, dem ein fiktiver, stetiger Anstieg der CO_2-Konzentration um 1 % pro Jahr über einen Zeitraum von 72 Jahren bis ebenfalls zu einer Verdopplung der CO_2-Konzentration zugrunde liegt. Der Ausgangswert ist bei beiden Modellen der CO_2-Luftgehalt von 280ppm. **Die Erwärmung des Klimas folgt im Gegensatz zur früheren Klimageschichte offenkundig der atmosphärischen CO_2-Konzentration** (s. Abb. 61).

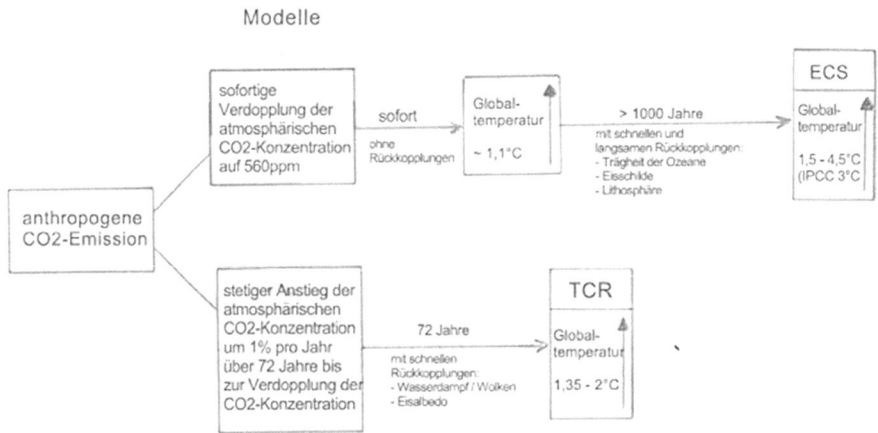

Abb. 61: Die zwei gängigen Klimamodelle, TCR: Transiente Climate Responce, ECS: Equilibrium Climate Sensitivity. Quelle (eigene Darstellung)

Es besteht weitgehend Einigkeit darüber, dass die **globale Temperatur unserer Erde bei einer Verdopplung der CO_2-Konzentration in der Luft um circa 1,1 Grad Celsius ansteigen** würde, allerdings nur dann, wenn Rückkopplungen keinen Einfluss nehmen können.

Darüber hinaus gibt es jedoch keinen Konsens: Die Wissenschaft ist sich bereits uneinig, ob zwischen der atmosphärischen CO_2-Konzentration und den Globaltemperaturen eine Linearität oder ein logarithmischer Zusammenhang besteht. Wenn die Funktion des CO_2 nicht linear, sondern logarithmisch verliefe würde es Folgendes bedeuten: Für eine weitere Temperaturerhöhung auf das Doppelte müsste also die CO_2-Konzentration schon um das Vierfache steigen, dann um das Achtfache und so weiter. Der IPCC geht von einer Linearität aus.

Nun aber zurück zum allgemeinen Konsens, dass bei einer Verdoppelung der vorindustriellen CO_2-Konzentration von 280 ppm auf 560 ppm nur eine Temperaturerhöhung von circa 1,1°C zu erwarten wäre. Wie wir alle wissen, entspricht das jedoch nicht der Realität. **Rückkopplungsbedingte zusätzliche Temperaturerhöhungen müssen bei der Abschätzung der Klimaerwärmung mit einbezogen werden.** Die Einschätzung dieser zusätzlichen Temperaturerhöhungen ist mit großen Unsicherheiten behaftet, denn sie ist vom Zeitfaktor und einem realitätsnahen Prozessverständnis für Rückkopplungen abhängig. Auf das Thema »Rückkopplungen« gehe ich im Kapitel V näher ein. Was den Zeitfaktor betrifft, so muss bei der Beurteilung der CO_2-Klimawirksamkeit berücksichtigt werden, dass es **schnelle und langsame Rückkopplungen** gibt. Bei den langsamen Rückkopplungen spielen die Trägheit der Meere, der Eisschilde und der Lithosphäre eine sehr wichtige Rolle, so dass erst nach tausend oder gar Tausenden von Jahren der Prozess abgeschlossen und ein Gleichgewicht eingetreten ist. Dieser Zustand spiegelt sich in dem Begriff der **Gleichgewichtssensitivität** wider (Synonyme: CO_2-Klimasensitivität oder CO_2-Klimawirksamkeit, eng.: **Equilibrium Climate Sensitivity, ECS**). Mit computergestützten Klimamodellen wird versucht, die endgültige globale durchschnittliche Temperaturerhöhung, wie soeben angesprochen, im Falle einer schlagartigen Verdopplung des atmosphärischen CO_2-Gehalts vorauszusagen.

Die **Unsicherheitsspanne** im Hinblick auf die zu erwartende Temperaturerhöhung liegt auch heute immerhin noch **zwischen 1,5 und 4,5°C** (seit dem 6. Klimazustandsbericht ohne ersichtlichen neuen Erkenntnisgewinn zwischen 2 und 5°C). Während eine Erhöhung der globalen Temperatur um 1,5°C relativ unproblematisch wäre, hätte eine Erhöhung um 4,5°C katastrophale Folgen für unsere Erde, worauf ich im Kapitel VII zu sprechen komme. Der Weltklimarat hat in seinem Zustandsbericht von 2007 einen Wert von 3°C angegeben. Im darauffolgenden Bericht von 2013 konnte sich die Wissenschaft auf diesen Wert nicht mehr einigen. Seit 2018 hatte dieser Wert nun wieder Bestand. Im Klimazustandsbericht des IPCC von 2023 wird die CO_2-Sensitivität zwischen 2 und 5°C angegeben und der ehemalig mit 3°C festgesetzte wahrscheinliche Wert in einer Spanne von 2,5 bis 4°C verortet. Etliche Klimawissenschaftler sehen die CO_2-Sensitivität auch heute noch bei unter 2°C. In der Öffentlichkeit ist kaum bekannt, wie unsicher die diesbezüglichen prognostischen Aussagen sind. **Der große Unterschied in der Beurteilung der Klimaerwärmung ergibt sich daraus, dass Wissenschaftler, die im Einklang mit dem Weltklimarat stehen, im Gegensatz zu etlichen anderen Wissenschaftlern bei Rückkopplungsmechanismen im Wesentlichen nur die positiven Rückkopp-**

lungen in ihre Überlegungen einbeziehen und negative Rückkopplungen nicht entsprechend gewichten, so zum Beispiel beim Wasserdampf, der zwar bei höheren Temperaturen in der Tat vermehrt anfällt und als ein besonders potentes Treibhausgas wirkt. Eine verstärkte Wolkenbildung im Falle einer Kondensation des Wasserdampfes jedoch wirkt als negative Rückkopplung der Erwärmung entgegen. Der Wasserdampf-/Wolken-Rückkopplungs- Gesamteffekt ist bis heute unklar.

Wer im Endeffekt dem Temperaturwert der CO_2-Gleichgewichtssensitivität am nächsten kommt, werden wir alle nicht mehr erleben, weil die endgültige Klimaerwärmung erst nach Tausend(en) von Jahren eintritt. Von Nöten ist deshalb ein Klimamodell, mit dem wir zeitnah einen fundierten Einblick vom Einfluss des Menschen auf das Klima bekommen. Dazu geeignet scheint die **TCR, Transiente Climate Response**, zu Deutsch eine **vorübergehende Klima-Antwort.** Sie ist definiert als der zu erwartende Temperaturanstieg bei einer Verdoppelung des CO_2-Gehalts innerhalb von 72 Jahren. In diesem Szenario kommt die sogenannte 72er Regel zur Anwendung, die besagt, dass bei einer jährlichen Steigerung von 1% nach 72 Jahren eine Verdoppelung des Ausgangswertes eingetreten ist. Als Ausgangswert gelten wiederum die 280 ppm. Wenn auch im Durchschnitt die CO_2-Konzentration realiter um circa 2,7 ppm pro Jahr (s. S. 48 Tabelle 1) steigt, entspricht dieses Szenario dennoch einigermaßen der Realität. Allerdings gibt es selbst über diese kurze Zeitspanne keine Einigkeit, was die zu erwartende Erhöhung der Globaltemperatur anbelangt. Die vom Weltklimarat erwartete Temperaturerhöhung liegt bei immerhin 2°C, die von anderen Klimawissenschaftlern bei etwa 1,35°C. Die schnellen Rückkopplungen, die innerhalb von 70 Jahren vonstattengehen, werden also sehr unterschiedlich gewertet. Wer hier richtig liegt, ist wiederum davon abhängig, ob der aktuelle Temperaturanstieg nahezu vollständig oder beispielsweise nur zur Hälfte auf die anthropogenen Treibhausgasemissionen zurückzuführen ist. In jedem Fall dürfen 560 ppm CO_2 in der Atmosphäre nicht überschritten werden, wenn wir das Pariser Klimaschutzabkommen einhalten wollen.

Es sei hier noch einmal eindringlich betont, dass es sich sowohl bei der ECS als auch bei der TSR nicht um Messgrößen handelt. Die Temperaturwerte von ECS und TSR stützen sich auf Modellszenarien, in die Rückkopplungenverständnisse, historische Überlieferungen, klimageschichtliche Erkenntnisse und Klimasimulationen einfließen. Letztendlich handelt es sich aber um künstliche, idealisierte Größen. Je nach Fütterung der Computer kommt die Wissenschaft zu unterschiedlichen Ergebnissen.

Klimamodelle für die nahe Zukunft

Bei der computergestützten **Prognose der Temperaturentwicklung über 40 Jahre** von 1979 bis 2018 lagen praktisch alle Modellrechnungen deutlich oberhalb der später gemessenen Temperaturwerte. Diese ergaben in der unteren Troposphäre letztlich 0,2°C pro Jahrzehnt (RSS-Messung). **Nur eine einzige russische Klimaprognose entsprach der Realität** (s. Abb. 62)

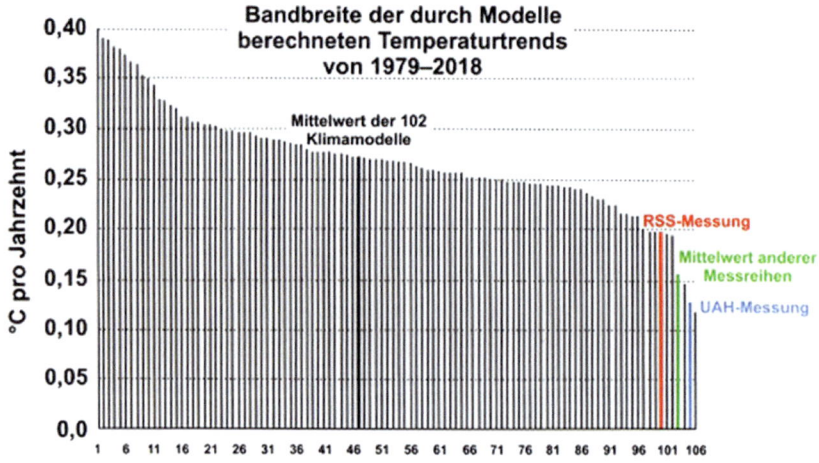

Abb. 62: Klimaprognosen für den Zeitraum 1979-2018
(Vahrenholt & Lüning, 2020, S. 335)

Das Wichtigste in Kürze!

o Die wichtigsten Treibhausgase sind der Wasserdampf und die Treibhausspurengase Kohlendioxid, Methan, Ozon und Lachgas.

o Die wichtigsten anthropogenen Quellen für Kohlendioxid sind die Verbrennung fossiler Energieträger wie Erdgas, Erdöl und Kohle sowie die Zementproduktion.

o Ozeane und Wälder können etwa 50 % des emittierten Kohlendioxids aufnehmen.

o China ist der mit Abstand stärkste CO_2-Verursacher. Das Pariser Klimaschutzabkommen von 2015 hat China bis zum Jahr 2030 noch eine Steigerung der CO_2-Emissionen um zusätzlich 50 % zugestanden.

o Die fossilen Energieträger Kohle, Erdöl und Erdgas sind vor über 50 Millionen Jahren bei einem sauerstofffreien Zersetzungsprozess von Plankton, Pflanzen und Tieren entstanden, und zwar über Jahrmillionen.

o Der Weltklimarat geht davon aus, dass die **Erhöhung der mittleren, globalen Temperatur seit Beginn der Industrialisierung praktisch ausschließlich auf die anthropogenen Emissionen von Treibhausgasen zurückzuführen** ist. Es gibt viele Wissenschaftler, die da ganz anderer Meinung sind: Sie bemessen den menschengemachten Anteil auf etwa 50 %, die anderen **50 % führen sie auf natürliche wellenförmige Temperaturverläufe zurück, die auf astrophysikalischen Zyklen (Himmelsmechanik), zyklischen Schwankungen der Sonnenaktivitäten und speziellen Ozeanzyklen beruhen.**

o Aus den geschätzten THG-Strahlungsantrieben kann nicht auf die THG-Wärmeeffekte (Klimawirksamkeit)geschlossen werden.

o Die endgültige Klimawirksamkeit/ Sensitivität von Kohlendioxid (ECS) ist nicht genau bekannt. Sie schwankt zwischen 1,5°C und 4,5°C (2°C bis 5°C seit dem 6. Klimazustandsbericht). Das IPCC hat den Wert noch bis vor Kurzem auf 3°C festgelegt. Aktuell wird er zwischen 2,5°C und 4°C verortet. Viele Wissenschaftler gehen auch heute noch von einem Wert um 2°C aus. Für die Zukunft unserer Erde trennen sich da Welten.

o ECS und TCR sind das Ergebnis von computergestützten Klimamodellen

o Methan ist das zweitwichtigste Treibhausgas. Es entsteht bei der anaeroben Zersetzung von organischen Substanzen. Die natürlichen Quellen sind Feuchtgebiete, insbesondere in den Tropen, und zwar in den Sümpfen der Regenwälder. Anthropogene Hauptquellen sind Viehwirtschaft, Reisanbau und Methanlecks. Der Strahlungsantrieb von Methan gegenüber den anderen Treibhausspurengasen wurde bisher mit knapp 20 % eingeschätzt. **Auf der Weltklimakonferenz in Glasgow 2021 »erlebte das Methan seinen Durchbruch«. Ihm wurde nämlich attestiert, dass es laut Statistik des IPCC zur Hälfte für die aktuelle Klimaerwärmung verantwortlich sei. Eine wahrhaft steile Karriere!** Aber irgendetwas stimmt da nicht.

o Lachgas entsteht anthropogen überwiegend aus Stickstoffdünger, wird aber zu über der Hälfte auf natürlichem Weg aus Ozeanen und Böden per aerober Zersetzung von Eiweißen (Proteinen) und anderen stickstoffhaltigen organischen Verbindungen freigesetzt.

o Ozon ist das drittwichtigste Treibhausgas. Es entsteht in der Troposphäre aus den Vorläufergasen Stickoxid (NO_x, vorwiegend NO_2) und Kohlenmonoxid (CO). Beide Vorläufergase werden im Straßenverkehr und bei der Biomassenverbrennung produziert. Natürliche und anthropogene flüchtige organische Verbindungen verstärken gemeinsam mit der Sonneneinwirkung die Ozonbildung.

5. Aerosole:
Reflexion und Absorption bremsen den Treibhauseffekt, ohne Aerosole keine Wolken

Aerosole stellen ein heterogenes Gemisch aus festen und flüssigen Schwebeteilchen in der Luft dar. Die Schwebeteilchen werden auch als **Aerosolpartikel** bezeichnet. Sie verschmutzen unsere Luft und offenbaren ihre negativen Seiten als Rauch, Staub, Smog oder Dunst. Gelblich-braune Dunstglocken sehen wir bei Windstille und/oder Inversionswetterlagen über vielen Großstädten wie New Delhi, Peking, Belgrad, Kairo, Mexico City, Jakarta. Ihre Bewohner sehen den blauen Himmel und die Sonne nicht mehr, sofern sie sich nicht weit über die Stadtgrenzen hinausbegeben. Das ist armen Menschen häufig ein Leben lang nicht möglich.

Die Aerosole haben aber für unser Erdklima auch eine sehr positive Seite. Sie wirken nämlich als **Gegenspieler der Treibhausgase,** da sie (überwiegend) zu einer **Abkühlung unseres Klimas** beitragen. **Für die Wolkenbildung sind sie unerlässlich.**

Primäre und sekundäre, direkte und indirekte Aerosole

Die Aerosole werden in **primäre Aerosole** und **sekundäre Aerosole** unterteilt (s. Abb. 63). **Primäre Aerosole** sind allesamt feste Teilchen und werden als **Staubaerosole** bezeichnet. Ihre Partikel **sind mit 1 bis 10 Mikrometern groß genug, um in der Aerosolschicht und als Wolkenbildner funktionsfähig zu sein.** Die **sekundären Aerosole dagegen sind zu Beginn sehr klein und müssen erst wachsen, um an der Wolkenbildung mitwirken zu können.** Lediglich Rußteilchen, die auch zu den Staubpartikeln gehören, sind mit 0,1 bis 0,2 Mikrometern recht klein.

Es wird außerdem zwischen einer **direkten Wirkung** der Aerosole in Form einer **Reflexion von kurzwelligen Sonnenstrahlen an der Aerosolschicht in 12 bis 20 Kilometer Höhe** und einer **indirekten Wirkung** durch Einflussnahme auf die **Entstehung, die Eigenschaften und die Entwicklung von Wolken** mit ihren Folgen unterschieden. Dementsprechend wird auch von **direkten Aerosolen** und **indirekten Aerosolen** gesprochen.

Zu den staubbildenden **primären Aerosolen** (Staub ist die Sammelbezeichnung für feste Stoffe in Gasen) zählen:

o Mineralstäube (Sand!)
o Meersalz
o Industriestäube (durch Schleifen, Bohren, Sägen)
o Ruß
o zelluläre biologische Teilchen (Pollen)

Die **sekundären Aerosole** entwickeln sich aus den Vorläufergasen:

o Schwefeldioxid (SO_2), Sulfataerosole!
o Stickstoffdioxid (NO_2)
o Ammoniak (NH_3)
o VOCs (Volatil Organic Compounds) sind flüchtige organische Kohlenstoffverbindungen
o Dimethylsulfid (DMS)

Eine Sonderposition nimmt das **Dimethylsulfid (DMS)** ein, da es primär flüssig ist. Es **entsteht bei der Zersetzung von Phytoplankton**, wie Algen, verursacht den **typischen Meeresgeruch.**

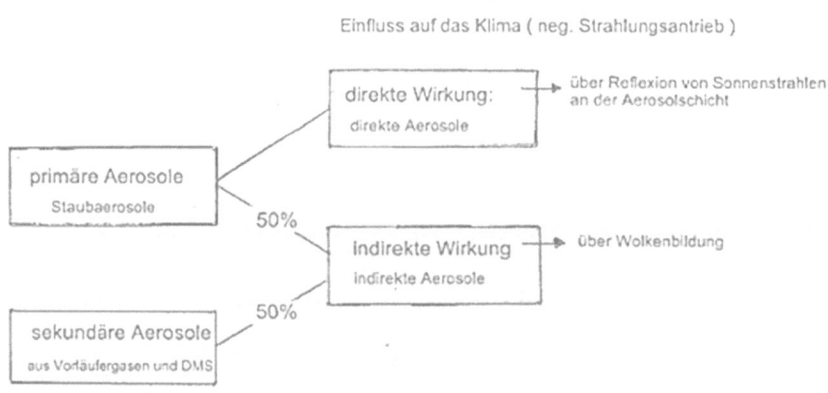

Abb. 63: Die Einteilung der Aerosole (eigene Darstellung)

Von den Vorläufergasen zu den Wolkenkondensationskeimen (CCNs, Cloud Condensation Nuclei)

Die Partikel müssen eine **Mindestgröße von 0,2 Mikrometern** haben, um als Kondensationskeime Einfluss auf die Wolkenbildung nehmen zu können. Die **Vorläufergase** unterziehen sich dazu mehreren Schritten. Sie reagieren -unter dem Einfluss von Temperatur oder Ionisation (durch kosmische Strahlung) – zunächst mit Wasser und werden zu **flüssigen Molekülen**: Schwefeldioxid wird zu **Schwefelsäure** (H_2SO_4), Stickstoffdioxid und Ammoniak werden zu **Salpetersäure** (HNO_3), die VOCs zu Schwefelsäure oder Salpetersäure, je nachdem ob Schwefel oder Stickstoff enthalten ist. Anschließend entwickeln sich **Nukleationskeime**, nachdem die flüssigen Moleküle zuvor **Cluster** (Trauben oder Haufen) gebildet haben. Die nun entstandenen **ultrafeinen Aerosole** mit Umfängen unter 0,01 Mikrometern klumpen zusammen. Dieser Vorgang wird als **Koagulation** bezeichnet. Ab einem Durchmesser von 0,2 Mikrometern werden sie **feine Aerosole** genannt, an denen nun ein Kondensationsvorgang stattfinden kann. Sie wirken dementsprechend als **Wolkenkondensationskerne oder -keime, C**loud **C**ondensation **N**uclei **(CNNs)**.

Quellen der Vorläufergase

Quellen von Schwefeldioxid und Dimethylsulfid

Beide Stoffe sind **zum größten Teil natürlichen Ursprungs**. Sie sind die am häufigsten biogen in die Atmosphäre emittierten Schwefelverbindungen und entstehen bei der **Zersetzung von Phytoplankton durch Mikroorganismen**. Außerdem wird Schwefeldioxid von **Vulkanen** und bei **Waldbränden** freigesetzt.

Die **anthropogene Schwefeldioxid-Emission** ist die Folge von **Verbrennungen fossiler Brennstoffe** wie Kohle und Erdöl. Diese Brennstoffe enthalten nämlich, wie vormals bereits erwähnt, bis zu 4 % Schwefel.

Den sich aus Schwefeldioxid und Dimethylsulfid entwickelnden **Sulfataerosolen** kommt für das Klima eine große Bedeutung zu, weil sie einen großen Anteil an der stratosphärischen Aerosolschicht haben.

Quellen von Stickstoffdioxid

Anthropogen werden **NOx**-Verbindungen bei der **Verbrennung von fossilen Energieträgern** wie Erdöl, Kohle, Erdgas und Holz emittiert, weil in ihnen neben Schwefel auch Stickstoff vorkommt.

Dementsprechend werden Stickstoffoxide auch bei der Verbrennung nach der Raffination dieser Energieträger freigesetzt, also bei **Diesel,** Benzin, Kerosin, dementsprechend besonders im Straßen-, Bahn- und Flugverkehr.

Auf natürlichem Wege werden Stickoxide aus den Böden abgegeben, und zwar aufgrund mikrobieller Zersetzungen organisch gebundenen Stickstoffs (aerobe Zersetzung).

Quellen von Ammoniak

Der **überwiegende Teil** der Ammoniakemissionen ist **anthropogen**. Er wird vorrangig beim **Ausbringen von Gülle und Mist** und bei der **Stallhaltung von Tieren** freigesetzt und spielt eine wichtige Rolle bei der Feinstaubbildung (s. S. 130ff).

Wirkmechanismen der Aerosole

Die Aerosole wirken auf das Klima über drei Mechanismen. Es wird zwischen einer direkten, indirekten und semidirekten Aerosolwirkung unterschieden. Die **direkte Wirkung** geschieht **per Reflexion von Sonnenstrahlen an der Aerosolschicht** in der Stratosphäre, die **indirekte Wirkung** über die **Bildung von Wolken aus Vorläufergasen** in 6.000 Metern Höhe ebenfalls per Reflexion der Sonnenstrahlen (Wolkenalbedo 60 bis 90 %), die **semidirekte Wirkung** über eine **rußbedingte Wolkenauflösung** und infolgedessen eine vermehrte Sonnenstrahlung auf die Erdoberfläche (s. Abb. 64).

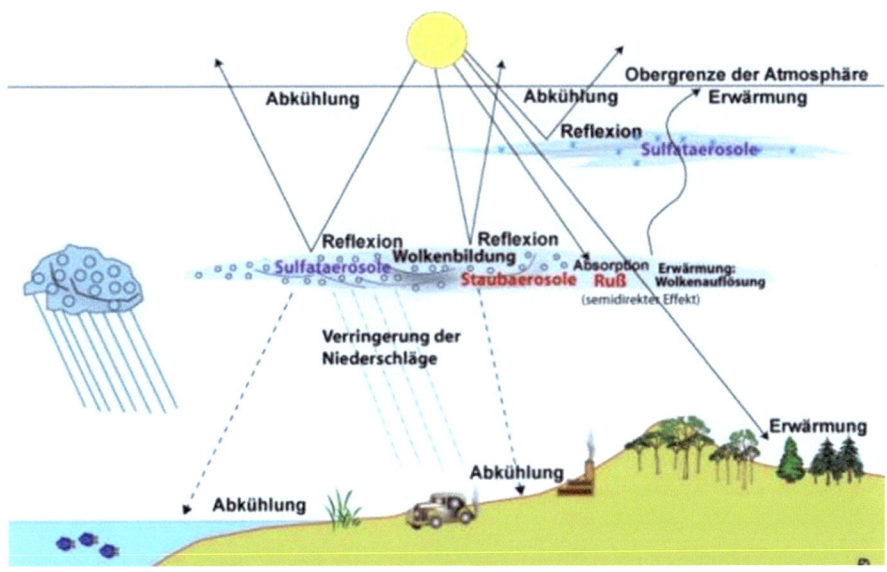

Abb. 64: Die Aerosolwirkung auf das Klima (Kasang, 2020)

In Abb. 64 ist zu sehen die direkte Aerosolwirkung per Reflexion an der Aerosolschicht aus Staubaerosolen und Sulfataerosolen in der Stratosphäre, die indirekte Aerosolwirkung über die Reflexion an der Wolkenoberschicht und die semidirekte Aerosolwirkung über eine Wolkenauflösung infolge einer von Ruß induzierten Absorption. Die Wolken absorbieren zwar die terrestrische Rückstrahlung (Treibhauseffekt), **der für das Klima entscheidende Gesamteffekt der Aerosole besteht jedoch in einer negativen Rückkopplung** (s. Abb. 65). Die durchschnittliche mittlere Globaltemperatur wird damit gesenkt. **Aerosole sind die wichtigsten Gegenspieler der Treibhausgase!**

Abb. 65: Die negativen Rückkopplungen der Aerosole (eigene Darstellung)

Direkte Wirkung von Aerosolen

Die **Aerosolschicht in der Stratosphäre** – die Hauptmenge der Aerosole steigt in große Höhen auf, nämlich bis in die untere und mittlere Stratosphäre in 12 bis 30 Kilometer Höhe - **reflektiert vornehmlich die kurzwelligen Sonnenstrahlen** und lässt nur die Infrarotstrahlen durch. **Das führt summa summarum zu einer Abkühlung auf Erden**. Die Stärke der Reflexion ist besonders von der Rußkonzentration abhängig. Je höher die Anzahl an Rußpartikeln, desto stärker ist die Absorption in der Aerosolschicht und umso niedriger ist die Reflexion. Im Zuge der Absorption emittieren Wärmestrahlen in die obere Stratosphäre.

    Global ist die direkte Wirkung von Aerosolen wegen unzureichender Messdaten schwer einzuschätzen, was auch in Form ihrer großen Standardabweichung in Abb. 66 Ausdruck kommt.

Indirekte Aerosolwirkung

Aerosole in der Troposphäre beeinflussen sowohl die Entstehung als auch die Eigenschaften und Entwicklung der Wolken. Die primären und sekundären Aerosole wirken zu etwa gleich großen Anteilen als Kondensations- oder Eiskerne. (s. Abb. 63) Sie tragen zur Entstehung und Verstärkung der Wolken bei, indem an ihnen entweder Wasserdampf zu Wassertröpfchen («warmer Regen« in den Tropen) kondensiert oder sich gefrorenes Wasser (auch in Form von Eiskristallen und Reif) in den Eiswolken der mittleren Breiten mit den Aerosolen zusammenfügt. Die Größe der Kondensate bzw. der zusammengefügten Teilchen ist vom Verhältnis der Wolkengröße zur Aerosolkonzentration abhängig. Je höher die Zahl der Aerosolkerne im Vergleich zur Wolkengröße, desto kleiner sind die Aerosolkondensate bzw. die zusammengefügten Partikel. Ihre Größe hat Einfluss auf die Wolken-Albedo und die Niederschlagsneigung und über diesen Weg auf die Verweildauer der Aerosole in der Atmosphäre: Viele kleine Kondensate erhöhen die Wolken-Albedo erheblich-bis zu 25%. Auch verlängert sich die Lebensdauer der Wolke, weil die kleinen Kondensate kaum abregnen. Es kommt somit zu einer vermehrten Reflexion von Sonnenstrahlen an der Wolkenoberschicht (60 bis 90%) und damit zu einer deutlich verminderten Durchlässigkeit für die Sonnenstrahlen. Die Einflussnahme der Aerosole über die Wolkenbildung und -verdichtung wird als indirekte Wirkung von Aerosolen zusammengefasst. **Wenngleich Wolken die terrestrischen Infrarotstrahlen absorbieren und damit maßgeblich zum Treibhauseffekt beitragen, überwiegt der Effekt der Reflexion an der Wolkenoberfläche. Summa summarum kommt es zu einer Abkühlung auf Erden.**

Global gesehen ist auch die indirekte Wirkung der Aerosole schwer einzuschätzen, was auch in der Abb. 66 in Form der sehr großen Standardabweichung zum Ausdruck kommt.

Semidirekte Aerosolwirkung

Im Falle eines starken Missverhältnisses derart, dass eine Überzahl von Aerosolkernen einer spärlichen Wolkenmasse gegenübersteht, nehmen Absorptionsvorgänge überhand, verbunden mit einer Temperaturerhöhung am Ort des Geschehens. Hier erfolgt dann eine Wasserverdampfung und damit eine **Verringerung der Wolkenmasse** bis zu ihrer Auflösung. Dieser Vorgang wird besonders dann beobachtet, **wenn viele Rußpartikel vorhanden sind**, denn diese Partikel verfügen über ein besonders hohes Absorptionspotential. **Damit wird der negative Rückkopplungseffekt der indirekten Aerosol-Wirkung abgeschwächt** oder sogar in einen **positiven Rückkopplungseffekt** umgewandelt. Der geschilderte Vorgang wird als semidirekte Aerosolwirkung bezeichnet.

Ruß wirkt zusätzlich über die Ablagerung auf Schnee- und Eisflächen durch eine Verminderung des Albedo- Effektes klimaerwärmend.

Verweildauer der Aerosole in der Atmosphäre

Die Verweildauer der Aerosole in der Atmosphäre ist von der Partikel-größe abhängig. Je größer die Partikel sind, desto schneller verlassen sie die Atmosphäre, um sich auf der Erdoberfläche abzulagern. Die großen Partikel über 1 Mikrometer bedürfen dabei keines Zusammenwirkens mit Wasser. Wir sprechen deshalb von einer **schnellen trockenen Deposition** (Niederschlag). Diese Art der Eliminierung aus der Atmosphäre trifft auf viele primäre Aerosole zu, weil die meisten ziemlich groß sind. Der Vorgang der schnellen, trockenen Deposition dauert nur Minuten bis Stunden. Die kleineren Partikel mit einer Größe von 0,01 bis 1 Mikrometer verlassen dagegen die Atmosphäre per **nasser Deposition.** Dieser Vorgang betrifft praktisch alle sekundären Aerosole und die kleinsten primären Aerosole. Sie müssen zuvor in großen Höhen eine Vereinigung mit Wasser eingehen, entweder per Kondensation -bei weitestgehender Sättigung der Luft mit Wasserdampf und gleichzeitiger Abkühlung- oder per Anlagerung von Eis, Eiskristallen oder Reif. In den sehr warmen Regionen, in den Tropen und Subtropen, erfolgt die Elimination ausschließlich durch das Zusammenwachsen (Koaleszenz) der anfänglich feinsten Wassertröpfchen (inklusive ihrer Wolkenkeime) zu immer größer werdenden Wassertropfen, bis sie eine ausreichende Größe erreicht haben. Die sogenannte kritische Größe liegt bei etwa 15 Mikrometer. Der Vorgang des Zusammenwachsens geschieht weitestgehend während des Absinkens innerhalb der Wolke.

Bis die Wassertropfen die Erdoberfläche erreicht haben können sie Durchmesser von bis zu 3 Millimeter erreichen. In den gemäßigten Klimazonen, also zwischen dem 30. und 60. Breitengraden entwickeln sich stattdessen sogenannte Eiswolken. In ihnen kommt es zu einer zusätzlichen Größenzunahme (Koaleszenz) durch die Anlagerung von Eis, Eiskristallen oder Reif oder auch eines Zweiphasengemisches aus Wasser und Eis.

Im Sommer tauen diese Gebilde auf dem Weg nach unten auf und gelangen üblicherweise als Regen, nur selten auch als Graupel, zur Erdoberfläche. Wenn die beschriebenen Vorgänge in der unteren Troposphäre in einer Höhe von etwa fünf Kilometern stattfinden, dauert die nasse Deposition wenige Tage, in der oberen Troposphäre in einer Höhe von 5 bis 18 Kilometer bis zu vier Wochen und in der Stratosphäre ein bis drei Jahre.

Regen mit Schwefliger Säure, Schwefelsäure sowie Salpetersäure bezeichnet man als **sauren Regen.** Er kann Wälder und Hausfassaden zerstören.

Klimawirksamkeit der Aerosole

Die Einschätzung der Klimawirksamkeit von Aerosolen insgesamt ist zurzeit nur sehr vage möglich, denn bereits die Verteilung der Aerosole in der Atmosphäre sowohl in horizontaler als auch in vertikaler Ausdehnung ist nicht exakt bekannt. Hierzu sind aufwändige Untersuchungen mit hohem zeitlichem und finanziellem Aufwand erforderlich. Das betrifft alle drei Wirkungsmechanismen. Die Beurteilung des negativen Strahlungsantriebs weist eine entsprechend weite Streuung auf. Das kommt aus dem Auszug der IPCC-Darstellung der Komponenten aller anthropogen Strahlungsantriebe sehr deutlich zum Ausdruck. Die Standartabweichungen sind gewaltig (s. Abb. 66). Zu sehen ist die Schätzung des mittleren Strahlungsantriebs zwischen 1750 und 2005, die Einheit der auf der rechten Seite angegebenen Werte ist W/m²

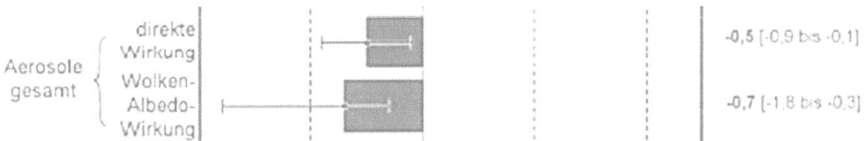

Abb. 66: Der negative Strahlungsantrieb der Aerosole (nach Bernstein et. al, 2008)

Das Wichtigste in Kürze!

o Aerosole sind feste oder flüssige Schwebepartikel.

o Aerosole sind die Gegenspieler der Treibhausgase. Sie kühlen die Erde ab.

o Die direkte Wirkung der Aerosole geschieht durch Reflexion der kurz-welligen Sonnenstrahlen an der Aerosolschicht in einer Höhe von 12 bis 30 km.

o Die indirekte Wirkung der Aerosole erfolgt über den Weg der Wolken-bildung durch die Genese von Wolkenkernen.

o Primäre Aerosole wirken direkt wolkenbildend.

o Sekundäre Aerosole entstehen erst über mehrere Schritte aus Vor-gängergasen. Erst dann können sie zur Wolkenbildung beitragen.

o Die wichtigsten anthropogenen Vorgängergase sind Schwefeldioxid, Stickstoffoxide und Ammoniak.

o Die Sulfataerosole haben einen großen Einfluss auf das Klima. Sie ha-ben einen großen Anteil an der stratosphärischen Aerosolschicht.

o **Aerosole sind zur Wolkenbildung unerlässlich.**

o Ruß nimmt unter den Aerosolen eine Sonderrolle ein. Er kann die Erdtemperatur durch Absorption sowohl in den Wolken (semidirekte Wirkung von Aerosolen) als auch durch Ablagerungen auf Schnee- und Eisflächen erhöhen (durch Minderung der Albedo).

Die Abschätzung der Aerosolwirkung auf die Abkühlung der Erde ist auf-grund mangelnder Messergebnisse noch sehr unsicher! Das kommt auch in Form der sehr großen Standardabweichung in Abb. 66 zum Ausdruck. Ebenso unsicher ist dementsprechend auch die Beurteilung des anthro-pogenen Netto-Strahlungsantriebs (s. später Kapitel VI).

6. Veränderungen der Vegetation und des Erdbodens

In den vorangegangenen Kapiteln bin ich bereits auf die große Bedeutung der **Biosphäre** für das Klima eingegangen. **Gemeinsam mit den Ozeanen** fungiert sie als **wichtigste Kohlendioxidsenke. Landpflanzen und Phytoplankton** bilden zudem den **Sauerstoff in der Atmosphäre.**

Ferner sind Pflanzendecke und Erdboden als **Wasserspeicher** in den Wasserkreislauf eingebunden. **Der Mensch gefährdet das Gleichgewicht, indem er in großem Stil Wälder rodet wie zum Beispiel die Regenwälder Südamerikas, Afrikas und Südostasiens, aber auch Böden zunehmend versiegelt.** Die **Landnutzung** führt zwar insgesamt zu einer erhöhten Albedo, aber sie gefährdet das Klima durch **Überdüngung.** Dadurch wird in großen Mengen **Lachgas** und **Ammoniak** freigesetzt. **Intensiver Reisanbau** und **intensive Viehhaltung** führen außerdem zu starken **Methanemissionen. All diese Faktoren verändern das Klima, indem Rückkopplungseffekte angestoßen werden.** Die Pflanzendecke sorgt immerhin zunächst einmal für eine dämpfende Rückkopplung, da sie in einer warmen und feuchten Atmosphäre üppiger gedeiht und damit der Atmosphäre mehr CO_2 entzieht. Die Folge von anhaltenden, deutlichen Erhöhungen der Globaltemperatur wäre allerdings dann letztlich die Verlagerung der Klimazonen und damit der Vegetationszonen mit erheblichen Konsequenzen für die gesamte Biosphäre und für uns Menschen.

7. Vulkanismus:
Eruptionen in die Stratosphäre sorgen für eine vorübergehende Abkühlung

Was passiert bei einem Vulkanausbruch? Magma (Gesteinsschmelze) wird aus der Asthenosphäre- das ist die weiche Schicht unmittelbar unter den harten Erdplatten (Lithosphäre)- hochgedrückt und in die Luft emporgeschleudert (Eruption). Das an die Erdoberfläche gelangte Magma wird zu Lava. Für besonders Interessierte ein kurzer Ausflug in die Vulkanentstehung:

Es gibt **drei Entstehungsweisen von Vulkanen** bzw. vulkanischen Gebirgen (s. Abb. 67).

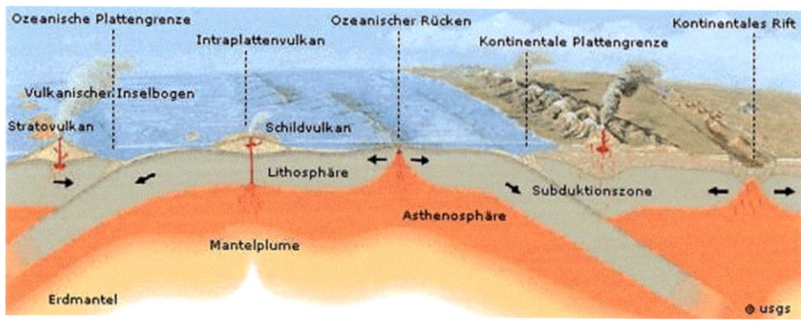

Abb. 67: Die Entstehung der Vulkane (vulkane.net, o.J.)

Zwei Arten der Vulkanentstehung beruhen auf **Bewegungen der Erdplatten:** Wenn **Platten aufeinander zu wandern (konvergieren),** taucht die jeweils schwerere Platte unter die leichtere Platte. Eine ganz oder großräumig von Meerwasser bedeckte Platte ist schwerer als eine geringfügig oder gar nicht von Wasser bedeckte Platte. Den Vorgang des Untertauchens einer Platte unter eine andere nennen wir **Subduktion.** Die untertauchende Platte erhitzt sich mit zunehmender Tiefe so stark, dass Gestein schmilzt und Magma entsteht. Der bekannte pazifische Feuerring (s. Abb. 68), der 45 % aller Vulkane ausmacht, ist so entstanden. Wenn sich **Platten voneinander entfernen (divergieren),** kommt es zu einer Ausdünnung der Lithosphäre. Die ausgedünnte Lithosphäre hält dem Druck des darunter gelegenen Magmas nicht stand, es kommt zur Eruption. Auf diese Weise sind viele Meeresrücken entstanden, so zum Beispiel der ostpazifische Rücken. Die so entstandenen Meeresrücken erheben sich teilweise bis zu 3.000 Meter über den Meeresboden.

Die dritte Art der Vulkanentstehung spielt sich nicht an den Grenzen der Platten, sondern **innerhalb der Platten selbst** ab. In den harten Platten finden sich **Schwachstellen.** Wenn sich diese über besonders heiße Stellen der Asthenosphäre, den sogenannten **Hotspots,** bewegen, kommt es zum Ausstoß von Magma. Auch die so entstandenen Vulkane zeigen perlenkettenförmige Aneinanderreihungen. Typische Vertreter der Hotspot-Vulkane sind die Hawaii-Inseln, Samoa-Inseln, Cookinseln und die Französisch-Polynesischen Inseln. Die so entstandenen Vulkane haben eine andere Form, erinnern an Schilde und nennen sich deshalb **Schildvulkane.**

Im Falle von explosiven Vulkanausbrüchen werden **Vulkanasche** und **giftige Gase** wie **Schwefeldioxid** und **Ammoniak** freigesetzt. Die Vulkanasche besteht aus fragmentierter Lava mit einer Kerngröße von bis zu zwei Millimetern. Sie hat mit der herkömmlichen Asche also nichts zu tun, denn diese ist ein fester Rückstand aus der Verbrennung organischen Materials wie von fossilen Brennstoffen. Lava besteht demgegenüber in der Regel überwiegend aus Silikatschmelzen. Silikat ist Kieselsäure, also Glas. Bei der Vulkanasche (Mini-Glaspartikel) handelt es sich definitionsgemäß bis zu zehn Mikrometer Partikelgröße um **Staub, also um primäre Aerosole**. Bei zunehmender Partikelgröße sprechen wir von Ton, Schluff bis zum Sand. Die **emittierten Gase Schwefeldioxid und Ammoniak** stellen die **Vorläufergase für die sekundären Aerosole** dar. **Von besonderer Bedeutung sind die Sulfataerosole.** Wir haben es bei Vulkanausbrüchen demzufolge mit primären und sekundären Aerosolen zu tun.

Auswirkungen auf das Wetter bzw. Klima:

Wie stark die Eruption die Erde abkühlt, ist zum einen von der Eruptionsmenge, zum anderen -und vorrangig- von der Eruptionshöhe abhängig. Wenn die Tropopause nicht überschritten wird, hat das nur Auswirkungen auf das regionale Wetter, denn in der Troposphäre sind die Aerosole dem Wetter ausgesetzt, regnen ab oder verwehen. Es kommt nur zu örtlich begrenzten Abkühlungen. Nach wenigen Monaten normalisiert sich das Wetter wieder. Überschreiten die Eruptionen die Tropopause und gelangen in die Stratosphäre wie beispielsweise bei den Ausbrüchen von **tropischen Stratovulkanen** so wirken sie auch global. In der Stratosphäre gibt es nämlich keine Wettereinflüsse mehr, die beispielsweise ein Abregnen von Aerosolen ermöglichen. **Die leichten sekundären Aerosole, hier insbesondere die Sulfataerosole, verbreiten sich über die gesamte Welt**. Durch sie werden die kurzwelligen Sonnenstrahlen ins All reflektiert. Das kann zu einem Abfall der Globaltemperatur um nahezu 1°C führen, der bis zu drei Jahren anhalten kann. Während sich die schweren primären Aerosole bereits nach wenigen Stunden aus der Atmosphäre per trockener Deposition verabschiedet haben, gelangen die leichten sekundären Aerosole erst nach langer Zeit per nasser Deposition auf die Erdoberfläche. Erst dann normalisiert sich das Wetter endgültig. In den letzten 200 Jahren haben sich einige Vulkane (Stratovulkane), die allesamt zum Pazifischen Feuerring (s. Abb. 68) gehören, durch mächtige bis in die Stratosphäre reichende Eruptionen einen Namen gemacht wie die Vulkane Tambora, Krakatau (beide Indonesien) und Pinatubo (Philippinen).

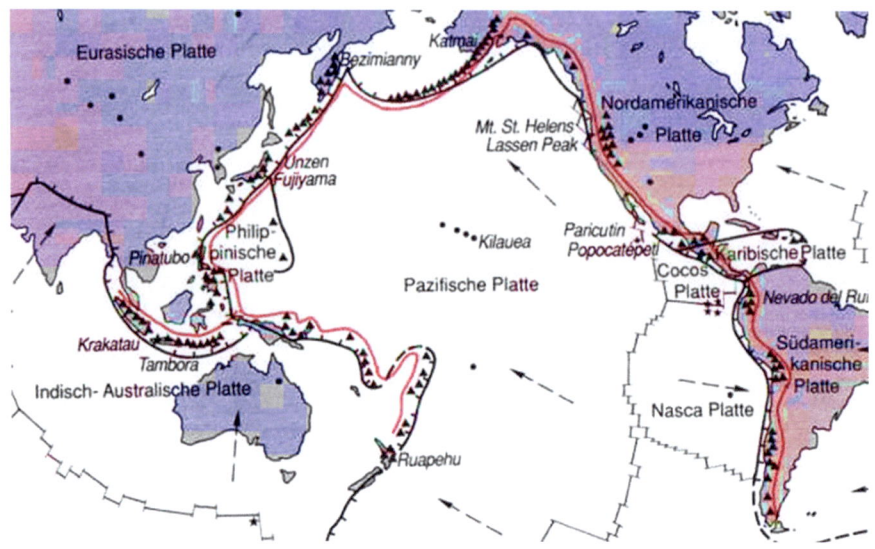

Abb. 68: Der Pazifische Feuerring (Galilea, 2003)

8. Impaktionsereignisse:
schwere Asteroideneinschläge führen zu Klimakatastrophen

Immer wieder prallen felsige Gebilde aus dem All auf die Erdoberfläche. Sogenannte **Asteroiden** bewegen sich um die Sonne. Sie sind einige Meter bis viele Kilometer groß und stellen Relikte aus der Entstehung unseres Sonnensystems dar. Von den Asteroiden abgebrochene kleinere Teile können in die Erdatmosphäre eintreten und **als kosmisches Gestein auf der Erdoberfläche einschlagen**. Dann spricht man von einem **Meteoriten.**

Wenn ein **großer Asteroid** (der Asteroid, der vor 66 Millionen Jahren im Yukatan, Mexiko, einschlug, hatte einen Durchmesser von 10 Kilometern) auf die Erdoberfläche einschlägt, entwickelt sich durch die hohe Energiefreisetzung ein **lokaler Feuersturm** unter **Freisetzung von Staubaerosolen, Ruß und Sulfataerosolen.** In der Folge werden die kurzen Sonnenstrahlen ins Weltall reflektiert und die Globaltemperatur kann um über 25°C abstürzen. Daraus resultiert eine mehrjährige globale **Dauerfrostperiode mit dramatischen**

Folgen für alles Leben auf der Erde. Die Photosynthese der Pflanzen kommt zum Erliegen, weil es dunkel wird, die Nahrungskette bricht zusammen. Ein Großteil der Tiere stirbt aus -wie vor 66 Millionen Jahren die Dinosaurier gemeinsam mit rund 75% aller Tierarten. Je nach Ort des Einschlages ist auch mit der Auslösung eines Tsunami zu rechnen. Vor derartigen Ereignissen sind wir auch heute nicht gefeit. Astronomen beobachten die Bahnen der Asteroiden sehr genau und können die Gefährdung unserer Erde abschätzen. Ein Versuch zur Ablenkung eines Asteroiden von seiner Kollisionsbahn wurde aktuell von US-Amerikanern unternommen, indem er von einem 20.000 km/h schnellen würfelförmigen Satelliten angeschossen wurde. Es konnte eine Ablenkung des Asteroiden erzielt werden.

Das Wichtigste in Kürze!

o Alle bisherigen, auch die schwersten Vulkanausbrüche, die sogar Wochen bis Monate andauerten, haben zu keiner nachhaltigen Veränderung des Klimas geführt. Es kam zwar über Jahre zu einer Erniedrigung der globalen Temperatur, danach jedoch normalisierte sich das globale Wetter stets. Ein Wandel des Klimas durch Vulkanausbrüche, das heißt über 30 Jahre oder darüber hinaus, ist somit sehr unwahrscheinlich.

o Große Asteroideneinschläge führen zu globalen Katastrophen auf der Erde.

V. RÜCKKOPPLUNGEN IM KLIMAORCHESTER

das Rückkopplungsorchester bestimmt das Klima der Erde und wirkt außerdem wie ein großer Thermostat

1. Rückkopplungsprinzip

Rückkopplung ist ein Begriff aus der Regeltechnik. Er beschreibt den **Mechanismus eines signalverarbeitenden Systems**, in dem das **Ausgangssignal** auf das **Eingangssignal** entweder im Sinne der Verstärkung oder Abschwächung einwirkt. Im Falle einer Verstärkung des Eingangssignals handelt es sich um eine positive Rückkopplung, im Falle einer Abschwächung um eine negative Rückkopplung. **Zum allgemeinen Prinzip von Rückkopplungen gehört, dass das Ergebnis des Prozesses,** das Ausgangssignal, **wieder auf den ursprünglichen Prozess** mit dem Eingangssignal **einwirkt. Im Zusammenhang mit dem Klimasystem hat es sich eingebürgert, nicht den Vorgang, sondern das Ergebnis der Rückkopplung als positiv oder negativ zu bezeichnen: So wird unter einer positiven Rückkopplung ein Rückkopplungsvorgang verstanden, der zu einer Erwärmung der bodennahen Luft führt. Umgekehrt bezeichnet man eine Abkühlung trotz eines positiven Rückkopplungsvorgangs als negative Rückkopplung.**

2. Beschreibung und Funktion

Bei Rückkopplungen im Klima handelt es sich um mehrere hintereinander geschaltete Vorgänge im Sinne eines **Lawineneffekts**. Die an eine **Kettenreaktion** erinnernden Abläufe werden auch **Rückkopplungsprozesse, -vorgänge, -systeme** oder **-mechanismen** genannt. (s. Abb. 69)

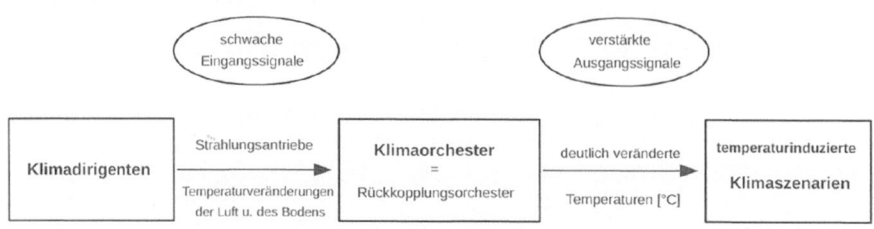

Abb. 69: Der Ablauf von nachhaltigen Klimaveränderungen, schwache Eingangssignale gelten für langsam einwirkende Klimadirigenten (eigene Darstellung)

Als Eingangssignal wirkt meist eine Veränderung der Lufttemperatur. Es gibt folgende Ausnahmen: Beim **Stefan-Boltzmann-Gesetz** ist das Eingangssignal die **Erdoberflächentemperatur** und beim **Svensmark-Effekt** die **Verminderung der kosmischen Strahlung als Folge einer verstärkten Sonnenaktivität.**

Nachhaltige Veränderungen der Globaltemperatur sind stets die Folge von Veränderungen der irdischen Strahlungsbilanz durch den Eintrag von positiven oder negativen Strahlungsantrieben, die primär immer von den Klimadirigenten erzeugt werden. Sie aktivieren damit nachhaltig die Rückkopplungen, die alle gemeinsam das Rückkopplungsorchester bilden.

Die Impulse, die von den langsam einwirkenden Klimadirigenten als Eingangssignale ausgehen, sind regelhaft schwach. Die eingebrachten Strahlungsantriebe sind niedrig, die anfänglich im Proporz stehenden Temperaturveränderungen entsprechend gering. Die Einheiten werden entweder in W/m² oder Grad Celsius angegeben. Zum Beispiel wird für die Milanković-Zyklen nur ein Eingangssignal von 0.5°C, für die Bond-Zyklen nur von 0,05-0,1 W/m² angenommen. Die Eingangssignale von langsam einwirkenden natürlichen Klimadirigenten wie die der Himmelsmechanik, der Ozeanzyklen und der Sonnenzyklen variieren außerdem zwischen zwei Fixpunkten oszillierend, d.h. verlaufen zyklisch, die anthropogenen dagegen monodirektional. Die **Rückkopplungselemente,** die auf diese Signale reagieren, spielen bei den Rückkopplungsvorgängen die entscheidende Rolle.

3. Rückkopplungselemente als Hauptakteure der Rückkopplungen

Die Hauptakteure der Rückkopplungen sind die **Rückkopplungselemente: Wolken, Eis-Albedo, Atlantische Strömung und Pflanzendecke.** Beim Stefan Boltzman-Gesetz ist es die **terrestrische Rückstrahlung (in der vierten Potenz der Erdoberflächentemperatur),** beim Svensmark-Effekt **die Dichte der Wolkendecke in 3.000m Höhe. Diese reagierenden Klimafaktoren üben eine Zentralfunktion als Rückkopplungselemente bei den Rückkopplungen und als Kippelemente bei der Kipppunkthypothese aus** (s. später). Sie setzen die Eingangssignale in nichtlineare Rückkopplungsprozesse um, deren Resultate überproportionale Ausgangssignale in Form von deutlichen Temperaturveränderungen sind in temperaturreduzierte Klimaszenarien. Diese prägen dann unser Klima.

4. Das Klimaorchester

Die Rückkopplungselemente bilden mit ihren jeweiligen lawinenartigen Rückkopplungsabläufen sowie ihren diversen Interaktionen ein sehr schwer zu dirigierendes Orchester. Abb. 70 zeigt das Klimaorchester mit den wichtigsten Rückkopplungen. Es entwickelt ein kompliziertes, schwer durchschaubares Eigenleben. Die „Musik" ist in Qualität und Lautstärke kaum vorhersagbar.

- Die Lufttemperatur / Wasserdampf / Wolken-Rückkopplung
- Die Lufttemperatur / CO2-Gaslöslichkeit / Pflanzendecken-Rückkopplung
- Die Lufttemperatur / Landeis-Albedo-Rückkopplung in der Subarktis
- Die lokal-regionale Lufttemperatur / Meereis-Albedo-Rückkopplung in der Arktis
- Die Lufttemperatur / Meereis-Albedo / Golfstrom-Rückkopplung
- Das Stefan Boltzmann-Gesetz
- Die Verstärkung der Sonneneinwirkung via einer kosmischen Reduktion der Wolkendecke („Svensmark-Effekt")

Abb. 70: Das gesamte Rückkopplungsorchester (eigene Darstellung)

Immerhin haben, was die fernere Vergangenheit anbelangt, paläoklimatologische Forschungen bereits stattliche Einblicke in das Rückkopplungsgeschehen geliefert. Seit dem Beginn der Industrialisierung sind jedoch mit den Treibhausgasen und den Aerosolen nun zwei Klimadirigenten hinzugekommen, deren Klimawirksamkeit einzuschätzen jedoch enorme Schwierigkeiten bereitet. Diesbezüglich gilt die Verarbeitung im Klimaorchester als komplex, kompliziert und wenig verstanden.

Am wichtigsten ist die Erkenntnis, dass die Klimawirksamkeit von langsam einwirkenden Klimadirigenten maßgeblich von den Rückkopplungen bestimmt wird. Sie sind die großen Spielmacher. Die Rückkopplungselemente spielen als Leitinstrumente die erste Geige. Es hängt allein von ihnen ab, in welchem Maße die von den Klimadirigenten erzeugten Strahlungsantriebe verstärkt werden und somit die Globaltemperatur entscheidend verändert wird. Denn die von den langsam einwirkenden Klimadirigenten entsendeten Signale sind prinzipiell schwach, die Veränderungen der Globaltemperatur aber sehr deutlich. Allerdings geschieht das nicht unbegrenzt. **Das gesamte Rückkopplungsorchester reguliert sich selbst, indem positive und negative Rückkopplungen ein Gleichgewicht anstreben und so wie ein großer Thermostat für die Globaltemperatur auf der Erde wirkt, es sei denn, ein Klimadirigent bringt fortwährend Strahlungsantriebe ein und erschüttert so das irdische Energiegleichgewicht.**

Ein wichtiger Gesichtspunkt bei der **Beurteilung der Klimawirksamkeit** von Klimadirigenten ist die **Geschwindigkeit der einzelnen Rückkopplungsprozesse**. Sie hat besonders für kurzfristigere Klimareaktionen und -prognosen eine enorme Bedeutung: Wasserdampf und Wolken sowie die Eis-Albedo gelten beim Klima als **schnell einwirkende Rückkopplungselemente**. Eisschilde(!), die Trägheit der Ozeane und die Vegetation sind dagegen **langsam einsetzende Rückkopplungselemente**. Bei der Einschätzung der Klimawirksamkeit nach einer kurzen Zeitspanne von beispielsweise nur 70 Jahren, wie bei der vorübergehenden Klimaantwort, eng.: Transient Climate Response (TSR), spielen die schnellen Rückkopplungseffekte die maßgebliche Rolle, bei der Beurteilung der endgültigen Klimaantwort, der Gleichgewichtssensitivität, eng.: Equilibrium Climate Sensitivity (ECS), dagegen zusätzlich und entscheidend die langsamen. Davon hängt dann die zu erwartende Erhöhung der Globaltemperatur ab.

Aktuell tendieren die »angepassten« Klimawissenschaftler in der Öffentlichkeit stark zu eindringlichen Darstellungen von positiven Rückkopplungen seitens der anthropogenen Treibhausgase, die die Erderwärmung (bis letztendlich gar zur Überschreitung von Kipppunkten, s. später) weiter verstärken. Die negativen Rückkopplungen, die diesen Vorgängen entgegenwirken, werden dagegen, wenn überhaupt, nur am Rande erwähnt. Die Klimaprognosen sind deshalb von denen anderer Wissenschaftler weit entfernt.

5. Die Rückkopplungsprozesse im Einzelnen

Wie bereits betont, werden Rückkopplungsmechanismen durch die **unmittelbaren Auswirkungen auf die Eingangssignale der Klimadirigenten** in Gang gesetzt und offenbaren sich meistens in geringfügigen Veränderungen der globalen durchschnittlichen Lufttemperatur, aber auch der Erdoberflächentemperatur und der Sonnenintensität. **Sie lösen die Rückkopplungsreaktionen aus.** Dabei spielen wie soeben bereits betont die **Rückkopplungselemente die tragende Rolle:** Wolken, Pflanzendecke, Eis-Albedo, Atlantische Strömung, terrestrische Rückstrahlung und Wolkendecke in 3.000m Höhe via kosmische Strahlung (Treibhauseffekt).

Rückkopplung: Lufttemperatur/ Wasserdampf- Wolken

Zwei Drittel der Erdoberfläche bilden mit den Ozeanen eine unerschöpfliche Wasserdampfquelle. Im Falle einer Temperaturerhöhung -die Temperatur der Ozeane ist seit 1971 in den oberen 75 Metern seit 1971 um circa 0.44°C gestiegen- sowohl des Wassers als auch der darüber gelegenen Luftschichten (Stichwort Temperaturausgleich) resultiert eine vermehrte Verdunstung von Meerwasser. Als Folge steigt der Wasserdampfgehalt der Atmosphäre progressiv mit der Temperatur (Magnus-Formel). **Wasserdampf** ist bekannterweise das **wirksamste Treibhausgas,** so dass sich der Erwärmungsprozess durch die Gegenstrahlung selbst verstärkt.

Bei entsprechend niedrigen Temperaturen in anderen Regionen oder einem Aufstieg in größere Höhen -und der Anwesenheit von Aerosolen als Kondensationskernen- kommt es zu einer **verstärkten Wolkenbildung**. Die Wolken besitzen mit 60 bis 90 eine sehr hohe Albedo. Die Wolkenalbedo nimmt mit erhöhter Wassertröpfchenkonzentration und Wolkendicke zu. Je höher die

Wolkenalbedo, je stärker also die **Reflektion der Sonnenstrahlen**, desto stärker ist der kühlende Effekt für die Erdoberfläche. Es wird ein **negativer Strahlungsantrieb von ca. -50 W/m²** angenommen. (s. Abb. 71) Allerdings sorgen die Wolken auch für einen **positiven Strahlungsantrieb von ca. +30 W/m²**, weil sie die **terrestrische IR-Rückstrahlung absorbieren und den Treibhauseffekt** in Gang setzen. **In der Summe wird für die Wolken ein negativer Strahlungsantrieb angenommen, und zwar in einer Größenordnung von ca. -20 W/m².**

Die Einschätzung der Energiebilanz der Wasserdampf/Wolken-Rückkopplung ist derzeit allerdings noch sehr unsicher, zumal beispielsweise in den Tropen auch noch zusätzliche Beobachtungen wie der temperaturbedingte Einfluss auf die Wolkenhöhen mit ihren unterschiedlichen Wärme -oder Kühlungseffekten hinzukommen, die einem ungebremsten Treibhauseffekt durch Wasserdampf entgegenwirken (Iriseffekt).

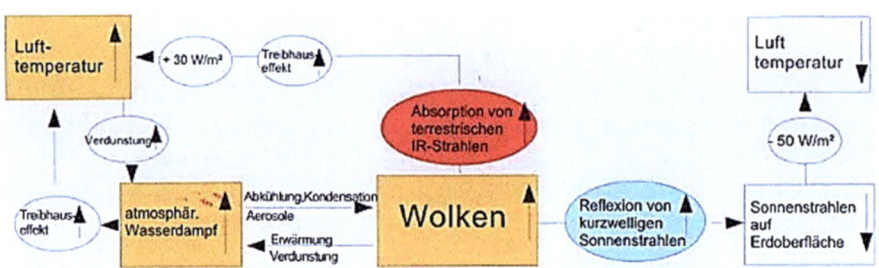

Abb. 71: Die Rückkopplung: Lufttemperatur/Wasserdampf-Wolken
(eigene Darstellung)

Die Wolken haben aber nicht nur eine bedeutsame Funktion bei der Regulierung der Lufttemperatur, sondern sind auch ein wichtiger Faktor für den **Wasserkreislauf** in der Atmosphäre/Hydrosphäre. Sie sorgen für den Niederschlag, der Flüsse, Seen und Ozeane speist und auch die anderen Sphären versorgt, aus denen dann wiederum der Wasserdampf stammt.

Rückkopplung: Lufttemperatur/ CO_2-Luftgehalt-Pflanzendecke

Die **Löslichkeit von Gasen** im Meerwasser und in anderen Gewässern ist **temperaturabhängig**. **Bei höheren Temperaturen kommt es zu einer vermehrten Ausgasung von Kohlendioxid** und damit zu einer **Zunahme der atmosphärischen Konzentration**. In der vorindustriellen Ära folgte so die atmosphärische CO_2-Konzentration damit vorrangig der Globaltemperatur (s. Abb. 21). Seit Beginn der Industrialisierung wird allerdings eine umgekehrte Reihenfolge beobachtet. Dem anthropogenen hinzugekommenen CO_2 folgt offenkundig nun die Temperatur (s. Abb. 72) Bei beiden Vorgängen spielen die langsamen Rückkopplungen wie die Trägheit der Ozeane eine entscheidende Rolle. Es kommt zu einer zeitlichen Verzögerung um jeweils etwa 1.000 Jahre bis ein endgültiges Klimagleichgewicht eingetreten ist. Die erhöhte Globaltemperatur bedingt eine zunehmende Erwärmung der Wasseroberfläche, Verdampfung von Meerwasser und vermehrte CO_2-Ausgasung. **Die atmosphärische Kohlendioxiderhöhung führt gemeinsam mit dem parallel dazu vermehrten Wasserdampf und der nachfolgend verstärkten Regenneigung -über die Zeit- zu einer dichteren und vergrößerten Pflanzendecke. Diese nimmt per Photosynthese vermehrt CO_2 auf, so dass der CO_2-Gehalt in der Atmosphäre wieder sinkt. Das bewirkt einen negativen Treibhauseffekt und damit eine Erniedrigung der Globaltemperatur.**

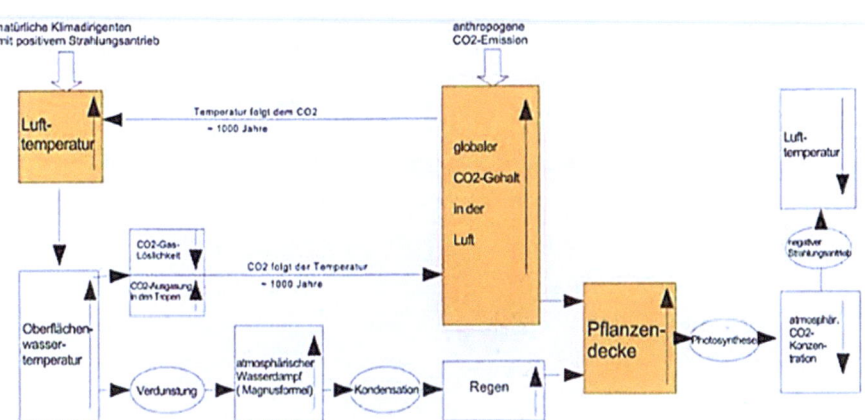

Abb. 72: Die Rückkopplung: Lufttemperatur/ CO_2-Luftgehalt-Pflanzendecke (eigene Darstellung)

Rückkopplung: Lufttemperatur/ Eis-Albedo

Diese Rückkopplung basiert auf einer permanent **sich verändernden Albedo,** wenn sich das Verhältnis zwischen der Schnee- bzw. Eisdecke zu den schnee-freien Oberflächen der ausgedehnten **Landmassen** der Subarktis und angren-zenden Arktis (Sibirien, Nordskandinavien, Schottisches Hochland, Island, Süd-grönland und Kanada, Alaska) ändert- das wäre die »Landeis-Albedo». Oder es verändert sich der Proporz zwischen Meereisschollen und Meerwasser im **Arktischen Ozean,** also die »Meereis-Albedo».

Die Albedo schwankt für Schnee und Eis je nach deren Alter zwischen 0,5 und 0,9, entsprechend 50 % und 90 %. Sie wird im Wesentlichen vom **Verschmutzungsgrad** und der **Kryoflora** modelliert. Bei der Kryoflora handelt es sich um eine bestimmte Art von Algen. Diese entwickeln sich auf Altschnee- oder Alteisdecken, wenn sie lange Zeit unverändert bleiben. **Es bleibt aber in jedem Fall ein hoher Grad an Sonnenstrahlenreflektion gegenüber den schneefreien Landflächen oder dem Meerwasser. Die Albedo von schnee-freien Landflächen liegt bei etwa 20 %, die von Wasserflächen sogar bei nur etwa 10 %.** Von diesen Oberflächen werden also die kurzwelligen Son-nenstrahlen in sehr viel höherem Maße absorbiert, was bedeutet, dass diese Oberflächen sich erwärmen und langwellige Infrarotstrahlen emittieren. Im Zuge der Gegenstrahlung verstärkt sich wiederum der Erwärmungseffekt. Das führt zu einer immer stärkeren Abschmelzung von Schnee und Eis, der Proporz verändert sich weiter zu Ungunsten von Eis und Schnee. **Das Klima heizt sich auf- zunächst regional.**

Aufgrund ihres unterschiedlichen Einflusses auf die Globaltemperatur unter-scheide ich zwischen einer **Landeis-Albedo-Rückkopplung** und einer **Meer-eis-Albedo- Rückkopplung.**

Der Meereis-Albedo-Effekt in der Arktis führt im Gegensatz zum Land-eis-Albedo-Effekt nicht nur zu regionalen, sondern auch überregional-globalen Rückkopplungen mit erheblichen Einflüssen auf die Strömungen des Atlantischen Ozeans!

Rückkopplung: Lufttemperatur/ Landeis-Albedo

Wegen der höheren Temperaturen in den subarktischen Gebieten (Sibirien, Nordskandinavien, Island, Südgrönland und Kanada) gegenüber den ganzjährig niedrigen Temperaturen in der Arktis ist hier der Eis- und Schnee-Albedo-Effekt deutlich kürzer und somit weniger entscheidend als der Eis-Albedo-Effekt in der Arktis. Im Spätfrühling und Frühsommer schmelzen die Schneeflächen schnell, die schneefreien Landflächen nehmen rasch zu. Die Reflexion der kurzwelligen Sonnenstrahlen nimmt prompt ab, die Absorption der Sonnenstrahlen entsprechend zu. Es werden vermehrt langwellige IR-Wärmestrahlen als terrestrische Rückstrahlung emittiert. Der Treibhauseffekt verstärkt und verselbstständigt sich. Die regionale Lufttemperatur steigt. Es handelt sich also um eine positive Rückkopplung. Ein Einfluss auf die Globaltemperatur ist, wenn überhaupt, gering.

Rückkopplung: Lufttemperatur/ Meereis-Albedo-Golfstrom

Der Meereis-Albedo-Effekt findet vorrangig im Meereis-Meerwasser-Mischgebiet (s. Abb. 73) **in der Arktis statt, das sich ringsum an die mächtige Packeisplatte (arktische Polkappe) anschließt.** Das Packeis besteht aus im Winter zusammengefrorenen großen Eisschollen und umgibt den ganzjährigen Eispanzer im Polgebiet. Im Sommer lösen sich die Schollen wieder voneinander und werden in der Peripherie zu Treibeis.

Abb. 73: Meereis-Meerwasser-Mischgebiet in der Arktis (Titz, 2022)

Die Packeisplatte hat eine Dicke von bis zu drei Metern, eine Ausdehnung von 15 Millionen Quadratkilometern Ende Februar (s. Abb. 74) und knapp fünf Millionen Quadratkilometern Mitte September. Zur Veranschaulichung: Im Winter entspricht das einer Kreisfläche mit einem Durchmesser von 2.500 Kilometern, im Sommer von 1.500 Kilometern. Im Gegensatz zur Antarktis gibt es hier kein Festland.

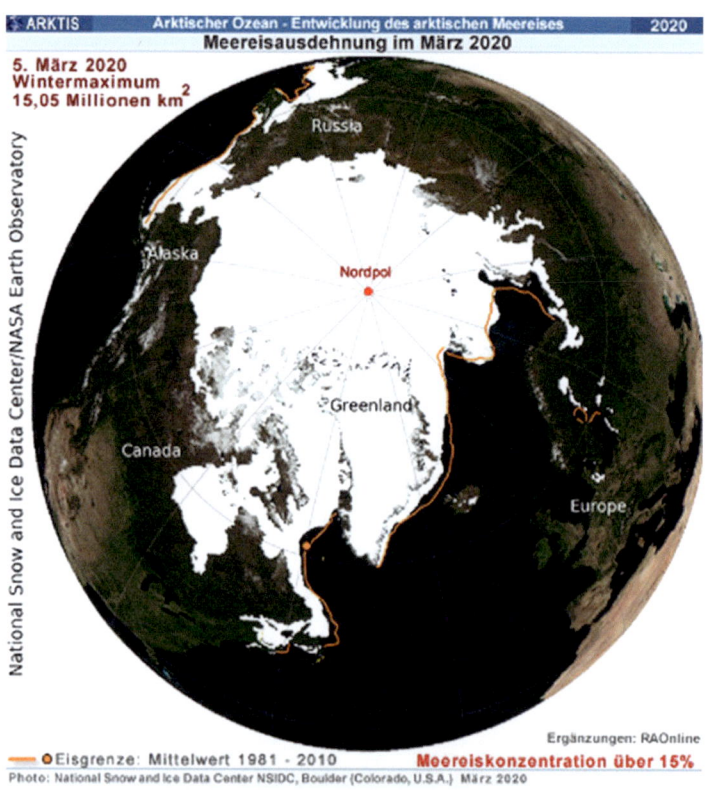

Abb. 74: Meereisflächen im Arktischen Ozean im März 2020
(Quelle siehe direkte Bildunterschrift)

Der Meereis-Albedo-Effekt setzt wie gesagt **nicht nur regionale, sondern auch überregional-globale Rückkopplungen in Gang, die durch eine Änderung der Atlantische Strömung erzeugt werden.**

Zunächst zu den **regionalen Rückkopplungen in der Arktis**, bei denen positive und negative beobachtet werden (s. Abb. 75).

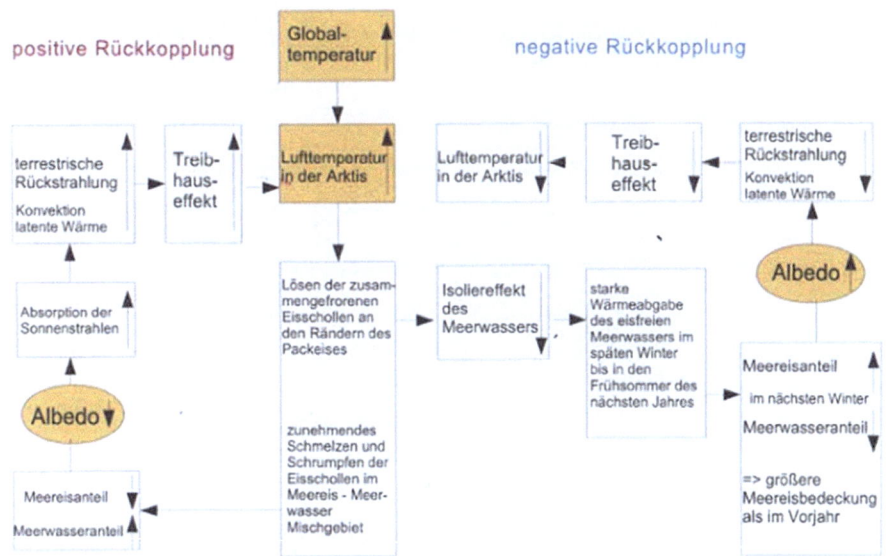

*Abb. 75: regionalen Rückkopplungen in der Arktis als Reaktion auf eine
Lufttemperaturerhöhung (eigene Darstellung)*

Positive Rückkopplung in der Arktis:

Im Spätfrühling/Sommer führt die steigende Lufttemperatur zunächst zu
einer zunehmenden Fraktionierung (Zerlegung) des am Rande liegenden arktischen Packeises, in dem sich die im Winter zusammengefrorenen Eisschollen
durch Auftauprozesse wieder voneinander lösen. Die nun entstandenen Eisschollen schmelzen und schrumpfen auch flächenmäßig immer mehr. Über die
stark unterschiedliche Albedo des dunklen Meerwassers gegenüber den hellen
Meereisinseln setzt eine deutliche Verstärkung der Eisschmelze ein. Das bedingt eine relative Zunahme des Meerwasseranteils und damit eine verstärkte
Absorption der kurzwelligen Sonnenstrahlen. Das Meerwasser erwärmt sich
zunehmend. Terrestrische Rückstrahlung, Konvektion und Wasserverdunstung (latente Wärme) werden stärker. In den letzten Jahren wurden über dem
Arktischen Ozean entsprechend vermehrt tiefliegende, dünne Schleierwolken
beobachtet. Das Meerwasser gast außerdem mehr Kohlendioxid aus, was den
Treibhauseffekt zusätzlich verstärkt. **Die Gesamtfläche der Packeisschicht
geht im Spätsommer bis auf ein Drittel gegenüber dem Winterende zurück.** Auch die Dicke nimmt ab. Die Lufttemperatur der darüber gelegenen

regionalen Atmosphäre nimmt überproportional zu. Der Regelkreis der positiven Rückkopplung schließt sich. **Ausdehnung und Dicke des ganzjährigen Meereises haben seit Mitte des 18. Jahrhunderts abgenommen.**

Seit einigen Jahren ist bekannt, dass der positive Strahlungsantrieb durch die Meereis-Albedo Rückkopplung mit einem Wert von 0,45 W/m² in Anbetracht der Meereisflächenausdehnung außergewöhnlich hoch ist. Die Ursache ist inzwischen bekannt: Sie liegt in einer unerwartet niedrigen Albedo der Schnee- und Eisflächen. Diese ist auf den hohen Verschmutzungsgrad ihrer Oberflächen infolge von Luftverschmutzungen wie beispielsweise Ruß und einen Biofilm von sich rötlich verändernden Schneealgen (Chlamydomoas nivalis) zurückzuführen. Beides bewirkt eine Verdunklung der Schnee- und Eisflächen und damit eine niedrigere Albedo. Der positive Strahlungsantrieb von 0,45 W/m² macht immerhin circa 27 % des derzeit angenommenen Strahlungsantriebs aus dem anthropogenen CO_2 von 1,68 W/m² aus. Inwieweit die nachfolgend dargestellte negative Rückkopplung als Gegenregulierung bei der Ermittlung des Strahlungsantriebs in Höhe von 0,45 W/m² berücksichtigt wurde ist nicht bekannt.

Negative Rückkopplung in der Arktis:

Im darauffolgenden Herbst und frühen Winter fehlt nun aber die Dämmung der freiliegenden Meerwasserflächen durch eine Meereisdecke. Das Meereis hat nämlich für das darunterliegende Meerwasser einen isolierenden Effekt -das freiliegende Meerwasser verliert deutlich mehr Wärme als das eisbedeckte Meerwasser. Im späteren Winter und Frühjahr bis hinein in den Frühsommer des nächsten Jahres gefriert deshalb im Meereis/Meerwasser-Mischgebiet das freiliegende Meerwasser zunehmend. Die Albedo nimmt zu, die Lufttemperatur sinkt. Die Packeisdecke nimmt flächenmäßig zu und überschreitet ihre Ausdehnung im Vorjahresvergleich. Die Eisdicke des Vorjahres wird jedoch nicht immer erreicht.

Polnah bewirkt die anfänglich erhöhte Lufttemperatur eine verstärkte Wolkenbildung, und es schneit verstärkt. Da das nun ausgedehnt schneebedeckte Poleis eine deutlich höhere Albedo als das zuvor freiliegende Eis hat, sinkt die Lufttemperatur noch zusätzlich. (Dieser Vorgang ist im Ablaufdiagramm nicht dargestellt). Insgesamt beginnt die Eis- und Schneeschmelze verspätet. Auch hier schließt sich der Regelkreis für diese beiden negativen Rückkopplungen.

Nun zur **überregional-globalen Rückkopplung,** die in der Arktis ihren Ursprung hat:

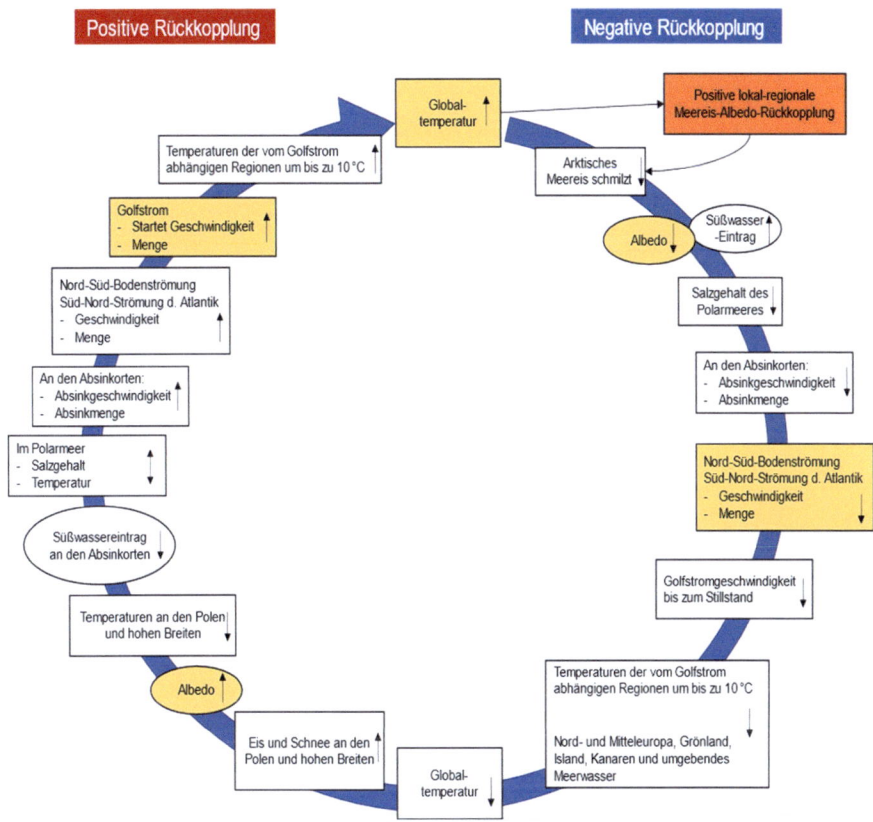

Abb. 76: Die überregional-globalen Rückkopplungen via Änderung der Atlantikströmung als Reaktion auf positive lokal-regionale Rückkopplungseffekte (eigene Darstellung)

Das kreisförmige Flussdiagramm (s. Abb. 76) gilt als wissenschaftlich gesichert für die Bond-Zyklen in der letzten Eiszeit. Es zeigt auf der rechten Seite eine negative, auf der linken Seite eine positive Rückkopplung.

Der Wechsel von Warmphasen (Dansgaard-Oeschger Ereignisse) durch positive Rückkopplung und den Kaltphasen (Heinrich-Ereignisse) durch negative Rückkopplung im Bond-Zyklus-Takt von circa 1470 Jahren verlief während der letzten Eiszeit exakt nach diesem Rückkopplungskreis. An die positive Rückkopplung schloss sich nämlich stets die nachfolgend dargestellte negative Rückkopplung an.

negative Rückkopplung (s. Abb. 76, rechte Seite des Kreises):

Als Reaktion auf die positive regionale Meereis-Albedo-Rückkopplung schmolz das polare Packeis nachhaltig. Mit der Schmelze von polarem Meereis stieg der Süßwassereintrag und damit der Süßwasseranteil. Gemeinsam mit der Zunahme der Wassertemperatur sank das spezifische Gewicht des arktischen Meerwassers. An den speziellen Absinkorten nahmen Absinkgeschwindigkeit und -menge ab. Wegen des so verringerten Wassernachschubs flaute die atlantische Nord-Süd-Tiefenströmung toujours ab. Auch die rückführende Süd-Nord-Strömung wurde entsprechend schwächer: Die verminderte Rückführung der Wassermassen über den Benguela Strom und den Südäquatorialstrom in die karibische Strömung (siehe »Meeresströmungen«) bewirkte eine Schwächung des Golfstroms bis letztendlich zu seinem Stillstand. Der Klimakatastrophenfilm »The Day after tomorrow« endet an dieser Stelle. Aber in der Realität der Vergangenheit ging es weiter. Die Temperaturen der vom Golfstrom abhängigen Regionen fielen um 6°C bis 8°C, lokal sogar um 10°C. Dazu gehörten Nordwesteuropa, der Nordatlantik, das Nordpolarmeer und Grönland und die Kanaren. **Letztendlich sank auch die Globaltemperatur um 2°C.**

Die beschriebene Rückkopplung blieb wie gesagt glücklicherweise nicht an dieser Stelle stehen. Durch die tiefe Globaltemperatur wurde die nachfolgend dargestellte positive Rückkopplung eingeleitet (s. Abb. 76, linke Seite des Kreises).

Positive Rückkopplung:

Als Folge der niedrigeren Globaltemperatur sanken auch die Temperaturen an den Polen. Der Süßwassereintrag in das Nordmeer flaute ab, und der Salzgehalt stieg. An den Absinkorten nahm die Absinkgeschwindigkeit deutlich zu und damit auch die Menge an absinkendem Meerwasser. Menge und Geschwindigkeit der Nord-Süd-Tiefenströmung im Atlantik und im rückführenden Süd-Nord Schenkel des Atlantiks stiegen somit ebenfalls erheblich. Der Golfstrom erwachte zu alter Frische. Die vom Golfstrom abhängigen Gebiete erwärmten sich wieder, und die **Globaltemperatur erreichte auch wieder ihr Ausgangsniveau.**

Muss heute ein Stillstand des Golfstroms in der Gegenwart befürchtet werden?

Ob und in welchem Zeitrahmen sich dieser Rückkopplungskreis auch in der heutigen Warmphase ereignen könnte, ist umstritten. Es gibt durchaus Wissenschaftler, die bereits die Abhängigkeit der Absinkgeschwindigkeit vom Salzgehalt in Frage stellen. Es wäre auch denkbar, dass die Rückkopplung auf einen Fixpunkt zustrebt, nämlich einem sich einstellenden Gleichgewicht zwischen der Eisschmelze und dem Salzgehalt des Meerwassers. Ebenso sei der Zeitrahmen des gesamten Regelkreises in der Gegenwart unklar: Würde es sich eher um einen kurzen Zeitraum mit entsprechenden Wetterphänomenen oder um lange Zeiträume mit Kalt- und Warmphasen, ähnlich den Bond-Zyklen im Pleistozän, handeln?

Heinrich-Ereignisse wie in den Eiszeiten scheiden in jedem Fall aus, weil ein Laurentidischer Eisschild als Auslöser fehlt. Wie aber verhält es sich mit Analoga zu den warmen D-O-Ereignissen? Klimamodelle haben ergeben, dass die derzeit vorliegenden Strömungsverhältnisse des Atlantiks, bei denen warmes Wasser bis in das Nordmeer befördert wird, wenig störanfällig sind: **Computersimulierte Störungen, mit denen unter Eiszeitbedingungen DO-Ereignisse ausgelöst werden können, zeigten keine entsprechenden Reaktionen. Sie können aber dennoch nicht gänzlich ausgeschlossen werden** (Rahmstdorf).

Außerdem existieren in der Gegenwart **keine robusten wissenschaftlichen Beweise für eine Geschwindigkeitsänderung des Golfstroms**. Nach dem derzeitigen wissenschaftlichen Kenntnisstand ist ein Stopp des Golfstroms so gut wie ausgeschlossen. Die beschriebenen **Veränderungen der Atlantischen Strömung auf Veränderungen der Globaltemperatur** sollten der Öffentlichkeit im Übrigen nicht als Katstrophe, sondern vielmehr als **potenter Rückkopplungsmechanismus zur Regulierung der** Globaltemperatur vermittelt werden.

Die genaue Vorhersage der Eis-Albedo-Rückkopplung ist in ihrer Gesamtheit noch immer ein Problem bei der Simulation der globalen Erwärmung.

Rückkopplung nach dem Stefan-Boltzmann-Gesetz

Sonnenstrahlenabsorption-Erdoberflächentemperatur/ terrestrische Abstrahlung in vierter Potenz der Oberflächentemperatur

Dieses Gesetz besagt, dass jeder Körper – gemeint ist hier die Erdoberfläche (Land und Wasser) – überproportional viel Wärme in Form von IR-Strahlen abgibt, im Falle eines schwarzen Körpers in der vierten Potenz seiner absoluten Temperatur.

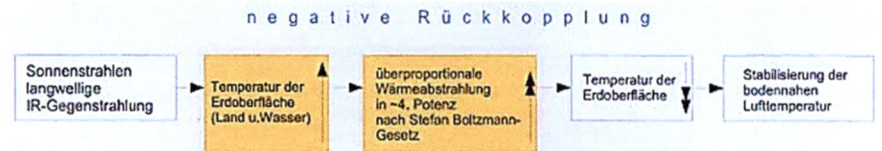

*Abb. 77: Die Temperaturregulierung der Erdoberfläche in Anlehnung
an das Stefan- Boltzmann-Gesetz (eigene Darstellung)*

Die Sonnenstrahlen und die Infrarotstrahlen der Gegenstrahlung heizen die Erdoberfläche (Ozeane und Erde) auf. Durch die überproportionale Wärmeabstrahlung in der annähernd vierten Potenz wird der Vorgang einer ungezügelten Erhitzung der oberen Erde verhindert.

Bei einer heute vorliegenden Erdoberflächentemperatur von circa 15°C bedeutet das eine Abstrahlungsleistung von 390 W/m². Dieser Wert kann entweder selbst berechnet oder einfach aus einer entsprechenden Tabelle abgelesen werden (s. Abb. 78).

T in °C	T in K	Abstrahlung in W/m²
10,00	283,16	365
11,00	284,16	370
12,00	285,16	375
13,00	286,16	380
14,00	287,16	386
14,84	**288,00**	**390**
15,00	**288,16**	**391**
16,00	289,16	396
17,00	290,16	402
18,00	291,16	407
19,00	292,16	413
20,00	293,16	419
60,00	333,16	699
90,00	363,16	986
120,00	393,16	1.355
121,00	394,16	1.369

Schwarzkörperstrahlung für verschiedene Temperaturen gemäss der Formel

$$\sigma T^4$$

*Abb. 78: Die Wärmeabstrahlung eines schwarzen Körpers(W/m²) in der vierten
Potenz seiner absoluten Temperatur T(°C) (Hoffmann, 2016)*

Diese enorme Wärmeabstrahlung gilt als der wichtigste Stabilisator des Erdklimas!

Rückkopplung »Svensmark-Effekt«

Veränderung der Sonnenaktivität- kosmische Strahlung (umgekehrt proportional) / Wolkendichte in circa 3.000 m Höhe

Dieser Effekt (s. Abb. 79) ist eng mit dem dänischen Physiker und Klimaforscher Svensmark verbunden. Er postuliert, dass eine steigende Sonnenaktivität über ein verstärktes solares Magnetfeld eine Abnahme der kosmischen Strahlung aus dem All auf die Erde bewirkt und dadurch weniger Wolken in einer Höhe von rund 3000 Meter Höhe entstehen. Denn eine reduzierte kosmische Strahlung mindere die Produktion von Kondensationskeimen bzw. -kernen, die für die Wolkenentstehung erforderlich sind (s. S. 143ff unter »Aerosole«). Eine verminderte Wolkendecke führe zu einer verstärkten Sonneneinstrahlung auf die Erdoberfläche und Erwärmung. Es handelt sich somit um eine positive Rückkopplung.

Der physikalische Hintergrund für die **Förderung der Wolkenentstehung** durch kosmische Strahlen ist folgender: Die kosmische Strahlung ist eine hochenergetische Teilchenstrahlung, deren Teilchen beim Eintritt in die Erdatmosphäre ionisieren. Dabei entstehen ionisierte Gasmoleküle als positive Ionen des Wasserstoffs ($H+$). Diese positiven Wasserstoffionen fördern in der Troposphäre in einer Höhe von 3.000 Metern die Produktion von Kondensationskernen, den CNs= Condensation Nuclei, indem sie sogenannten Vorläufergase wie zum Beispiel Schwefeldioxid zu Schwefelsäure verflüssigen, das heißt kondensieren. Der Vorgang wird als **ioneninduzierte Nukleation** (von kondensierbaren Vorläufergasen) bezeichnet. Die Kondensationskeime sind für die Produktion von indirekten Aerosolen und der Wolkenbildung von enormer Bedeutung. Beim Svensmark-Effekt wäre der Weg genau umgekehrt.

Die Reduktion von kosmischen Strahlen bei verstärkter Sonnenstrahlung mit konsekutiv **verminderter Wolkenbildung in 3.000 Meter Höhe** wird unter den Klimaforschern kontrovers diskutiert und von Wissenschaftlern auf der Linie des IPCC abgelehnt. Da wir derzeit in einer Phase der verstärkten Solaraktivität sind, könnte dadurch das Dogma eines ausschließlich anthropogen verursachten Klimawandels als gefährdet gesehen werden. Immerhin wird die Rolle der ionisierenden Strahlen bei der Aerosol-Nukleation am CERN, der Europäischen Organisation für Kernforschung in der Schweiz vorurteilsfrei (?) untersucht.

Abb. 79: Die Verstärkung der Sonneneinwirkung durch eine kosmische Reduktion der Wolkendecke in 3.000m Höhe (»Svensmark-Effekt«) (eigene Darstellung)

6. Die Rückkopplungsergebnisse

In der fernen Vergangenheit bis zum Beginn der Industrialisierung in der Mitte des 19. Jahrhunderts

Die Klimavergangenheit war von **zyklischen Temperaturschwankungen mit unterschiedlich langen Zyklen und unterschiedlich hohen Ausschlägen** geprägt.

Wie bereits mehrfach betont, gingen und gehen von den langsam einwirkenden Klimadirigenten nur schwache Signale aus. Erst im Rückkopplungsorchester erfuhren und erfahren diese Signale eine massive Verstärkung. (s. Tab. 5)

Den Impulsen aus dem **zyklischen Durchgang unseres Sonnensystems durch die Spiralarme unserer Galaxie** mit einer Zykluslänge von 150 Millionen Jahren folgte ein langdauernder **undulierender Temperaturverlauf mit 6 Eiszeitaltern während der letzten 1 Mrd. Jahre mit Temperaturdifferenzen von circa 15°Celsius.**

Den Impulsen der **Erdbahnparameter Exzentrizität, Obliquität und Präzession** folgten die **Milanković-Zyklen mit Zykluslängen** von 23.000, 41.000 oder wie seit 1 Million Jahren von **100.000 Jahren mit Schwankungen der Globaltemperatur von 5° bis 6°C zwischen den Eiszeiten und den Warmzeiten.**

Sonnenzyklen stimulierten die **Bondzyklen während der Kaltzeiten des derzeitigen Eiszeitalters (Pleistozän) mit Zykluslängen von 1470 Jahren** und die **Bondereignisse mit Zyklen von circa 1.000 Jahren in der derzeitigen Warmzeit (Holozän).** Die Differenzen der Globaltemperatur zwischen den Kalt- und Warmphasen lagen für die **Bond-Zyklen bei 2°Celsius,** zwischen den Kalt- und Warmperioden **für die Bondereignisse bei 1,5°C.**

Die **Ozeanzyklen** regen ebenfalls zyklische Temperaturschwankungen an. Die Pazifische Dekaden Oszillation und die Atlantische Multidekaden Oszillation haben **Zykluslängen von 50 bis 70 Jahren. Nur die PDO hat Einfluss auf die Globaltemperatur**, und zwar um **maximal 0,5°C,** meist gemeinsam mit **El Niño** und **AMO.**

Auf der **Nordhalbkugel** können die Temperaturschwankungen regional deutlich höher ausfallen. So wurden dort im Rahmen der Milanković-Zyklen Differenzen von bis zu 12°C, bei den Bond-Zyklen bis zu 10°C ermittelt.

Seit Beginn der Industrialisierung bis heute

Seit Mitte/Ende des 18. Jahrhunderts hat die atmosphärische Konzentration von Treibhausgasen und Aerosolen massiv zugekommen. Klimawissenschaftler vertreten kontroverse Meinungen darüber, ob diese beiden Klimadirigenten auf die soeben beschriebenen seit Millionen von Jahren bestehenden zyklischen Schwankungen der mittleren Globaltemperatur Einfluss nehmen können. Während aktivistisch orientierte Klimawissenschaftler eine Einflussnahme bis hin zu einer Unterbrechung der Zyklen befürchten, gehen andere Wissenschaftler von einem unveränderten Verlauf aus und vermuten bei den anderen lediglich Argumente, um die Erhöhung der Globaltemperatur im Rahmen des aktuellen Klimawandels ausschließlich als Folge von anthropogenen Aktivitäten darstellen zu können. Im Falle einer Unterbrechung der Temperaturzyklen würde zum Beispiel die moderne Wärmeperiode (Current Warm Period, CWP) entfallen und der diesbezügliche Temperaturanstieg komplett den THG-Emissionen zugeschlagen werden können.

Die postulierte Annullierung der zyklischen Temperaturen ist jedoch als Folge der Treibhausgase schwerlich vorstellbar, denn jene dürften kaum dazu in der Lage sein, die Klimadirigenten, die auf astrophysikalischen, solaren oder ozeanischen Gegebenheiten basieren, selbst direkt zu beeinflussen. Es bliebe demnach nur ein Einfluss über das Rückkopplungssystem. Das jedoch ist rein spekulativ. **Es ist eher wahrscheinlich, dass die seit Millionen von Jahren auftretenden natürlichen zyklischen Temperaturschwankungen unverändert bleiben.**

Es ist Fakt, dass die Globaltemperatur seit dem Ende der Kleinen Eiszeit (ca. 1850) um annähernd 1.1°C gestiegen ist, gegenüber dem globalen Mittelwert des Referenzzeitraumes von 1951 bis 1980 von 14°C um 0.4° bis 0,77°C (es gibt tatsächlich keinen einheitlichen Wert). Welchen Anteil daran die anthropogenen Treibhausgasemissionen haben, ist ebenso ungeklärt wie die CO_2-Sensitivität.

Der aus der **Wirkung der Treibhausgase** resultierende Verlauf der **Temperaturerhöhung** ist auf jeden Fall **monodirektional**, also nicht zyklisch.

Seit Beginn der Industrialisierung folgt die oberflächennahe Globaltemperatur vordergründig der atmosphärischen THG-Konzentration. Das schließt aber nicht aus, dass im Hintergrund weiterhin die THG-Konzentration der Globaltemperatur folgt, wie das seit Jahrmillionen der Fall ist und das Niveau der Temperaturkurve prägt. Das Gleiche gilt für die **Aerosole**, allerdings mit umgekehrtem Vorzeichen. Die Einschätzung ihrer Klimawirksamkeit ist noch unsicherer als die der Treibhausgase, was auch in den Sachstandsberichten des IPCC in Form der riesigen Streubreite der von Aerosolen induzierten Strahlungsantriebe zum Ausdruck kommt.

Das Wichtigste in Kürze!

o Für eine deutliche Klimaveränderung ist eine nachhaltige Änderung der Strahlungsbilanz, des Strahlungsantriebs, unserer Erde unabdingbare Voraussetzung.

o Veränderungen des Strahlungsantriebs sind die Folgen von positiven oder negativen Impulsen, die von den Klimadirigenten gesendet werden.

o Diese Strahlungsantriebe können anthropogenen oder natürlichen Ursprungs sein.

o Rückkopplungen im Klima sind mehrere hintereinander geschaltete Vorgänge im Sinne eines Lawineneffekts oder einer Kettenreaktion.

o Rückkopplungen bedingen überproportionale Verstärkungen der Eingangssignale. Das Rückkopplungsorchester entsendet erheblich verstärkte Ausgangssignale in Form von Veränderungen der Globaltemperatur und bestimmt damit maßgeblich das Klima auf der Erde.

o Alle Rückkopplungen arbeiten im Klimaorchester (Rückkopplungsorchester) für die Klimadirigenten.

o Rückkopplungen sind die großen Spielmacher.

o Die Rückkopplungselemente sind die Leitinstrumente bzw. Hauptakteure in den Rückkopplungsvorgängen: Wolken, Eis-Albedo, Pflanzendecke, Atlantische Strömung, Bodentemperatur (Stefan-Boltzmann-Gesetz) oder Dichte der Wolkendecke in 3.000m Höhe via kosmische Strahlung (Svensmark-Effekt).

o Die Verarbeitung durch das Rückkopplungsorchester ist komplex, kompliziert und noch immer wenig verstanden. Es scheint ein Gleichgewicht zwischen positiven und negativen Rückkopplungen anzustreben. Insofern wirkt das gesamte Rückkopplungsorchester wie ein großer Thermostat.

VI. ANTHROPOGENE UND NATÜRLICHE STRAHLUNGSANTRIEBE

Diskussion der vorliegenden Fakten

Die Grundlagen zum Thema ´Strahlungsantrieb` sind auf den Seiten 69ff dargestellt. Hier geht es jetzt um die Ermittlung der fiktiven **Brutto-Strahlungsbilanz** und deren Verteilung auf alle anthropogenen und natürlichen Strahlungsantriebe.

Mittels der auf Satelliten installierten Ceres-Messgeräten wird die **Netto-Strahlungsbilanz** der Erde nach **Messdaten** festgestellt. Sie liegt im Vergleich zum Jahr 1750 bei circa **+2,3 W/m²**, Stand 2019. Die Höhe dieses Wertes ist für die nachfolgende Ausführung irrelevant, weil es hier ausschließlich um die Art der Berechnung geht. Die Genauigkeit der Satellitenmessungen wird von Skeptikern angezweifelt und eine Ungenauigkeit von +/-2 W/m2 angeführt. Die **Strahlungsbilanz im Jahr 1750 wird mit 0 W/m² angesetzt,** weil davon ausgegangen wird, dass sie in der vorindustriellen Ära ausgeglichen war. Bei den +2,3 W/m² handelt es sich wie gesagt um die Netto-Strahlungsbilanz, da **negative Strahlungsantriebe durch atmosphärische Aerosole und den Vulkanismus von der ausgedachten Brutto-Strahlungsbilanz** bereits **abgezogen wurden. Der Brutto-Strahlungsantrieb, der für die positiven Strahlungsantriebe zur Verteilung ansteht, ist nur unsicher einzuschätzen, weil insbesondere der negative Strahlungsantrieb der Aerosole nicht so leicht zu taxieren ist.** Denn der atmosphärische Gehalt von Aerosolen ist sowohl horizontal als auch vertikal inhomogen und deshalb nur ungenau zu erfassen. Das erklärt auch die hohe Streubreite bei der Beurteilung des negativen Aerosol-Strahlungsantriebs. Wenn die Summanden ungenau zu beziffern sind, ist auch die zu verteilende Summe ungenau.

Die derart zweifelhaft ermittelte Brutto-Strahlungsbilanz wird dann nachfolgend auf die einzelnen positiven anthropogenen Strahlungsantriebe verteilt:

Bei den **positiven anthropogenen Strahlungsantrieben** handelt es sich um die langlebigen Treibausgase CO_2, CH_4, N_2O, O_3 und die FCKWs und besonders kurzlebige Treibhausgase.

Lassen Sie uns gemäß den Zahlen aus dem 5. Sachstandsbericht des IPCC (s. Abb. 80) nun folgende Rechnung vornehmen:

Der **Netto-Strahlungsantrieb** wird mit **+2,3 W/m²** gemessen.

Der **negative Strahlungsantrieb** durch die **Aerosole** (-0,9 W/m²) und den **Vulkanismus** (-0,11 W/m²) wird mit etwa **1 W/m²** angenommen.

Der positive **Brutto-Strahlungsantrieb** beträgt dementsprechend **+3,3 W/m²**. Dieser Betrag wird unter der **Annahme einer ausschließlich anthropogenen Ursache** für den Klimawandel nun wie folgt verteilt.

Für die **langlebigen Treibhausgase:** CO_2 +1,82 W/m², CH_4 +0,48 W/m², N_2O+ 0,17, FCKWs + 0,36. Es ergibt sich eine Summe von **+2,83 W/m²**

Für **kurzlebige Treibhausgase**: NO_x, CO und VOCs gemeinsam **+ 0,5 W/m²**

Die Summe für die Strahlungsantriebe von lang- und kurzlebigen Treibhausgasen läge bei circa **+3,3 W/m²**, also entsprechend dem Wert des Brutto-Strahlungsantriebs.

Die Abb. 80 zeigt eine bildliche Darstellung der Strahlungsantriebe mit Werten aus dem 5. Klimazustandsbericht. Inzwischen haben sich die Werte bereits wieder leicht geändert (s.o.)

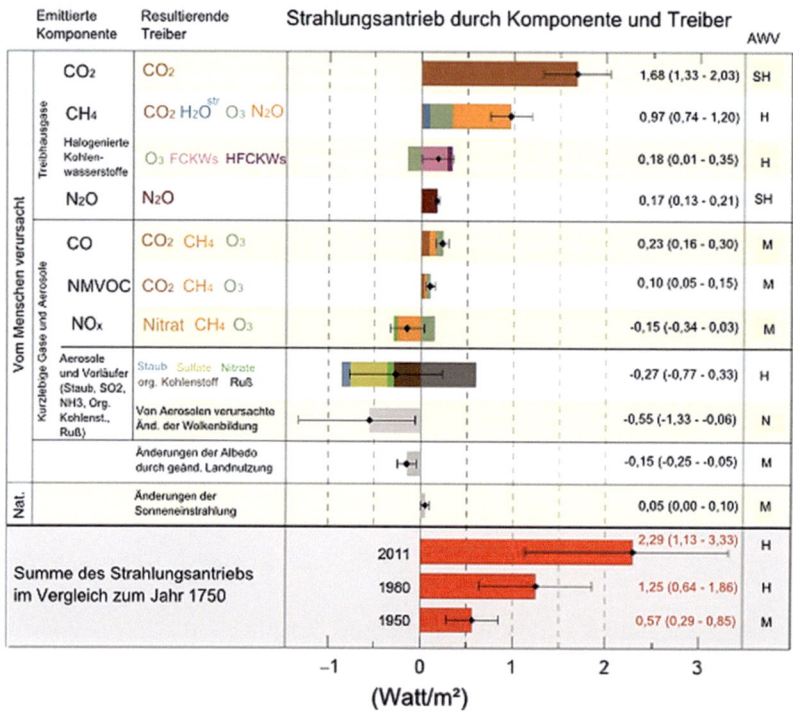

Abb. 80: Komponenten des anthropogenen Strahlungsantriebs (nach Barkleit, 2021)

Auffallend in der Darstellung ist die sehr große Standartabweichung bei den Aerosolen. Dagegen ist die Streubreite bei der Beurteilung des Strahlungsantriebs aus dem CO_2 eher gering. **Die Varianz des anthropogenen Netto-Strahlungsantriebs ist wie immer enorm**. Das sollte Sie nicht verunsichern. Grundsätzlich darf man davon ausgehen, dass Zahlenänderungen in derartigen Diagrammen eher dem gewünschten wissenschaftlichen Kenntnisstand geschuldet und nicht auf reale Veränderungen zurückzuführen sind. Die Werte werden sich auch zukünftig ändern. Sie sollten sie im Auge behalten und nötigenfalls korrigieren. Betrachten Sie die Fibel in dieser Hinsicht als Arbeitsgrundlage.

All diese angenommenen Strahlungsantriebe würden sich sofort ändern, wenn bei der Verteilung die natürlichen solaren und astrophysikalischen Strahlungsantriebe auch berücksichtigt würden!

Der Weltklimarat aber führt, wie bereits mehrfach betont, den aktuell recherchierten Brutto-Strahlungsantrieb inzwischen ausschließlich auf die anthropogenen Treibhausgasemissionen zurück und damit auch den Klimawandel mit einer Temperaturerhöhung der Ozeane, des Festlandes und der bodennahen Luft. Die Lufttemperatur ist um circa 1,1°C angestiegen. **Diese Einschätzung wird damit begründet, dass der positive solare Strahlungsantrieb während der gleichen Zeit gerade einmal 0,05-0,1 W/m² ausmache und somit zu vernachlässigen sei.**

Allerdings ist auch dieser Wert, der die Grundlage für die Einschätzung eines nahezu 100 %igen Klimawandels darstellt, höchst umstritten. So ist es N.J. Shaviv, Hebräische Universität Israels, gelungen, anhand einer klaren Korrelation zwischen gezeitenabhängigen Meeresspiegelhöhen und der Sonnenaktivität einen solaren Strahlungsantrieb seit Beginn der Industrialisierung von 1,8 +/- 0,5 W/m² zu ermitteln. (s. Abb. 81) **Mit diesem Ergebnis würde die Behauptung eines rein menschgemachten Klimawandels wie ein Kartenhaus zusammenfallen.**

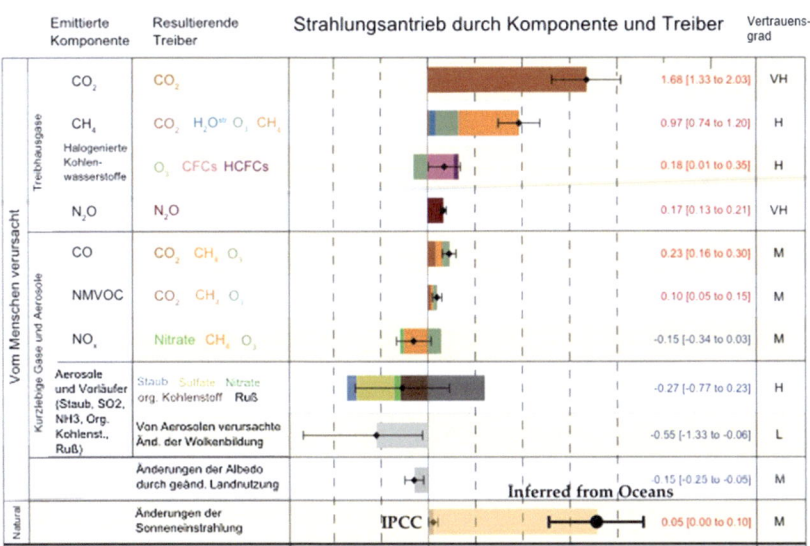

Abb. 81: Veränderungen des Strahlungsantriebes seit der industriellen Revolution, entnommen aus dem AR-5-Bericht des IPCC (nach Shaviv, 2018).

Darüber hinaus gibt es noch weitere Gesichtspunkte, die an der Richtigkeit eines ausschließlich anthropogenen Klimawandels zweifeln lassen:

Seit 1750 sind inzwischen immerhin **273 Jahre** vergangen. Es muss davon ausgegangen werden, dass **Rückkopplungen während dieser Zeit** zu überproportionalen Veränderungen der durch die Treibhausgase induzierten Eingangssignale geführt haben. Dabei dürfte die Temperatur-/Wasserdampf-Rückkopplung eine tragende Rolle spielen. Außerdem dürften die Rückkopplungselemente wie Wolken, Aerosole, Albedo oder Pflanzendecke selbst nicht unverändert geblieben sein. Das bedeutet, dass die Erhöhung der Globaltemperatur während dieses Zeitraums um etwa 1,1°C nicht allein die Folge von anthropogenen THG-Emissionen sein kann.

Ein weiterer Gesichtspunkt ist das **Ausmaß der atmosphärischen Ionisation.** So werden in Verbindung mit **Aktivitätsschwankungen der Sonne deutliche Veränderungen der kosmischen Strahlung bis zu 20 %,** beobachtet. Diese Veränderungen machte sich die Wissenschaft bei der indirekten Bestimmung der Sonnenaktivität in der Vergangenheit zu Nutze: Das Beryllium10-Isotop als Sonnenaktivitäts-Proxy wird durch kosmische Strahlen in der Erdatmosphäre gebildet. Bei erhöhter Sonnenaktivität sinkt die kosmische Strahlung, weil das nun verstärkte die Sonne umgebende Magnetfeld den Weg der kosmischen Strahlen zur Atmosphäre der Erde blockiert (s. S. 40ff). Die Menge an Beryllium10 verhält sich demnach umgekehrt proportional zur Sonnenaktivität. Die Verbindung zwischen der kosmischen Strahlung und der Sonnenaktivität ist also bekannt und anerkannt. Der dänische Physiker und Klimaforscher Henrik Svensmark beschreibt nach eigenen intensiven Forschungen eine Abnahme von Wolken in 3000 Meter Höhe infolge der abnehmenden kosmischen Strahlung bei erhöhter Sonnenaktivität (»Svensmark-Effekt«). Über die Reduktion der Wolkendecke kommt es dann zu einer Erhöhung der Globaltemperatur. Auf diesem Weg können die Klimaeffekte von solaren Intensitätsschwankungen erklärt werden. Der Weltklimarat »was not amused«, da eine Konkurrenz zur alleinigen menschgemachten Ursache des aktuellen Klimawandels drohte. Man entzog Dr. Svensmark die Gelder für weitere Forschungen. Immerhin wird im Forschungszentrum CERN bei Genf das CLOUD-Experiment (**C**osmics **L**eaving **O**utdoor **D**roplets) durchgeführt, das den Zusammenhang zwischen galaktischer kosmischer Strahlung und Wolkenbildung untersucht. Näheres dazu im Kapitel »Rückkopplungen«.

Selbst wenn sich der Svensmark-Effekt nicht in der beschriebenen Weise bewahrheiten sollte, muss von anderen bisher unbekannten Mechanismen ausgegangen werden, weil **stärkere Klimaeffekte aus Sonnenintensitäts-schwankungen und astrophysikalischen Gegebenheiten der Himmelsme-chanik eindeutig sind. Das belegen paläontologische Beobachtungen aus Millionen von Jahren.**

Die Verteilung des Einflusses von natürlichen und anthropogenen Fak-toren auf den aktuellen Klimawandel ist angesichts des derzeitigen Kennt-nisstands nicht bekannt. Jede Aussage darüber ist rein spekulativ!

VII. VORSTELLBARE KLIMAKRISEN

1. Die Kippelemente, Kipppunkte, Planetare Grenzen

Diese Schlagworte sind besonderes in das Interesse der Öffentlichkeit gerückt, weil sie Ängste schüren. In der **Kipppunkt-Hypothese** wird angenommen, dass (einige) **reagierende Klimafaktoren (Rückkopplungselemente) regional und überregional als Kippelemente** fungieren können und so **regionale und überregionale Klimate** empfindlich, teils unaufhaltsam und unumkehrbar verändern können, nämlich: der grönländische Eisschild, die antarktischen Eisschilde und die Gebirgsgletscher als **Vertreter der Landeis-Albedo**, das arktische Meereis mit seinem Einfluss auf die Atlantikströmung als **Vertreter der Meereis-Albedo mit den Atlantischen Strömungsänderungen**, die Sahel-Monsune und asiatischen Monsune als **Vertreter der Wolken** und der Kollaps von tropischen Regenwäldern oder borealen Nadelwäldern als **Vertreter der Pflanzendecke**, wobei die Pflanzendecke auch als Klimadirigent im Falle von großflächigen Rodungen für die Landwirtschaft wirken kann. Es wird davon ausgegangen, dass die Kippelemente kritische Schwellenwerte haben, bei deren Überschreitungen es zu starken, unaufhaltsamen und unumkehrbaren Veränderungen kommt. Die kritischen Schwellenwerte werden als **Kipppunkte** (engl. Kipping Points) bezeichnet. Sie können jedoch nicht eindeutig definiert werden. Die Wissenschaft ist sich aber sicher, dass das Risiko der Grenzüberschreitung mit steigender Globaltemperatur zunimmt. Die Kipppunkttheorie ist in Deutschland eng mit dem Namen Schellnhuber verbunden, dem ehemaligen Leiter des PIK-Instituts. Er gilt auch als politisch engagierter Klimaaktivist und war jahrelang als Klimaberater des Kanzleramts Merkel tätig. Das PIK- Institut hat seine Kipppunkt-Hypothese sowohl in den Medien als auch in den Schulen als gesichertes Wissen präsentiert und damit die Klimaaktivistenszene nachhaltig befeuert. So werden Sie auf den Bannern der »Letzten Generation« immer wieder »Letzte Generation vor den Kipppunkten« lesen können. Es gibt eine Vielzahl von Klimawissenschaftlern, die das Konzept abrupter, unumkehrbarer Klimaveränderungen schlichtweg ablehnt, weil es zum einen nicht wissenschaftlich belegbar, zum anderen eher unwahrscheinlich ist, zumindest in dem Temperaturbereich, der nach dem

Pariser Klimaabkommen einzuhalten ist. Es gibt außerdem inzwischen neuere Hinweise dafür, dass andere Rückkopplungsmechanismen aktiviert werden, die einem stetigen Anstieg der Globaltemperatur entgegenwirken, also regulierend eingreifen.

Abb. 82 zeigt eine Übersicht über mögliche Kipppunkt-Szenarien

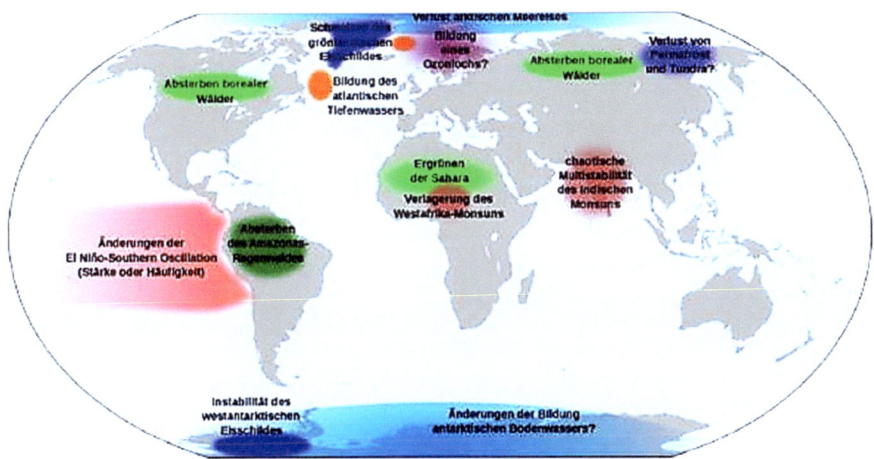

Abb. 82: Die möglichen Kipppunkt-Szenarien (nach Lenton et al., 2008)

Greifen wir einmal die Kippelemente »arktisches Meereis« und »atlantische Tiefenwasserbildung« heraus, die wie wir annehmen miteinander zusammenhängen.

Zunächst zum **arktischen Meereis**: Bei einer Erhöhung der Lufttemperatur kommt es über die positive Eis-Albedo-Rückkopplung zu einem schnellen Anstieg der regionalen Lufttemperatur, und das arktische Meereis schmilzt zunehmend. Das nach der Eisschmelze nun freiliegende Meerwasser verreist im nachfolgenden Winter bis hinein in den Frühsommer stärker, weil die isolierende Eisschicht fehlt. Wegen der anfänglich höheren Lufttemperaturen entwickeln sich infolge der stärkeren Verdunstung mehr Wolken, welche regional abschneien. Der Schneefall bedingt eine deutlich erhöhte Albedo, die zu einer zusätzlichen Abkühlung der Lufttemperatur führt. Die Meereisschmelze setzt im Frühsommer verspätet ein. Diese negativen Rückkopplungsvorgänge bleiben weitgehend unberücksichtigt:

Nun zur **atlantischen Tiefenwasserbildung.** Im Kapitel »Rückkopplungen« bin ich bereits auf die regionalen und überregional-globalen Rückkopplungen des Meereis-Albedo-Effektes eingegangen. Ferner habe ich ein kreisförmiges Flussdiagramm mit der Überschrift »Lufttemperatur/Meereis-Albedo/ Golfstrom« erstellt. Dieses Diagramm entspricht der wissenschaftlichen Erklärung des Potsdam-Institut für Klimafolgenforschung (PIK) für die **Klimaschwankungen in der letzten Eiszeit**. Die Verlangsamung des Golfstroms wird vielerorts auch als Fingerabdruck der anthropogenen Klimabeeinflussung durch Treibhausgase gewertet -wie im Katastrophenfilm »The Day after tomorrow». Aus meinem kreisförmigen Flussdiagramm (s. Abb. 76) geht jedoch hervor, dass selbst ein solcher Kipppunkt eben nicht irreversibel wäre. **Für die heutige Zeit** allerdings wird eine Verlangsamung des Golfstroms bis gar zum Stillstand von vielen Klimawissenschaftlern **stark angezweifelt**. Prof. Marotzke, Max-Plank-Institut für Meteorologie, Hamburg (DIE WELT, 2023) und Prof. Rahmstorf, Potsdamer Institut für Klimafolgen (Geophysical Research Letters, 2003), halten wesentlich größere Eingriffe in das Klima für erforderlich, um die heutige Strömung zu kippen (Die Welt, 2023). Das hätten moderne Klimamodelle ergeben. Allerdings könnte ein Kippen des Systems im Sinne eines Stillsandes der nordatlantischen Strömung dadurch nicht gänzlich ausgeschlossen werden. Es gibt ohnehin überhaupt keine belastbaren Daten über eine Verlangsamung des Golfstroms. Einige Wissenschaftler, zum Beispiel von der Universität Bergen, vermuten, dass ein vermehrter Eintrag von Süßwasser in der Arktis den Golfstrom eher stärke als abschwäche. Andere Wissenschaftler zum Beispiel von der University of Washington, vertreten die Meinung, dass der Salzgehalt für den Golfstrom im Zuge des Klimawandels gar keine Rolle spielt, sondern vielmehr der Zustrom von warmem Wasser aus dem Indischen Ozean über den Alguhasstrom. Diesen Strom kennen Sie ja bereits. Er gibt, wie wir inzwischen wissen gewaltige Wassermengen in Form der Alguhasringe in den Benguelastrom des Atlantischen Ozeans ab.

Wie Sie sehen, ist noch vieles unklar. Auch was all die anderen Kipppunktszenarien anbelangt, gibt es noch große Wissenslücken. Es handelt sich bei den Kipppunktszenarien um Gedankenspiele, die auf Computermodellen fußen, allerdings Klimaaktivisten zu haarsträubenden Aktionen verleiten.

Ich habe an mehreren Stellen dieses Buches erklärt, warum strikt zwischen den Klimadirigenten und den reagierenden Faktoren unterschieden werden sollte. Denn **nur im Falle von anhaltenden Veränderungen des Strahlungs-**

antriebs durch die Klimadirigenten sind Klimaveränderungen mit Änderungen der mittleren Globaltemperatur zu erwarten. Andernfalls dürften sich »Klimaauswüchse« im Rückkopplungssystem selbst regulieren.

Und alle bisher vorausgesagten Kipppunkt-Szenarien sind glücklicherweise nicht eingetreten.

Zusätzlich zur Klima-Kipppunkttheorie hat sich die **Theorie der »planetaren Grenzen«** etabliert. Die Erstautorin ist Katherine Richardson von der Universität Kopenhagen. Das Team um den aktuellen Direktor des Instituts für Klimafolgenforschung (PIK), Umweltforscher Johan Rockström, führt den traditionellen Hang zur Apokalyptik dieses Instituts weiter fort, indem er diese Theorie in den Medien offensiv verbreiten lässt. Es werden zusätzlich zum aktuellen Klimawandel für acht weitere Erdsysteme (planetare) Belastungsgrenzen postuliert, deren Überschreitung eine existenzielle Bedrohung der Erde darstellt. In dieser Theorie werden Grenzen für schädigende Einflüsse auf bestimmte irdische Systeme festgelegt wie die Beeinflussung der mittleren Globaltemperatur durch die Treibhausgase, die Gefährdung der Biosphäre durch Artensterben, die mangelnde Verfügbarkeit von Süßwasser durch verminderte Bodenfeuchtigkeit oder Verknappung von Oberflächen- und Grundwasser, die Menge, Art und Verteilung von Landpflanzen durch Rodung und veränderte Landnutzung, die Störung von biogeochemischen Kreisläufen durch Überdüngung (Lachgas, Phosphor), die Versauerung der Meere durch erhöhte atmosphärische CO_2-Konzentrationen oder sauren Regen, die Gefährdung irdischer Lebewesen durch die Einbringung neuartiger Substanzen wie Plastikmüll oder Organismen durch beispielsweise Genmanipulationen, die Gefährdung der Ozonschicht und die Luftverschmutzung.

Es handelt sich zwar hier auch um die Ergebnisse realer Beobachtungen, allerdings überwiegend um Resultate aus Computersimulationen. Die Schlussfolgerungen werden als nicht verhandelbar dargestellt und sollen so politische Debatten bereits im Keim ersticken. Die planetaren Grenzen sind allerdings ebenso wenig genau bestimmbar wie die der Kipppunktgrenzen für das Klima. Innerhalb der Klimawissenschaft stoßen die Theorien der Kipppunkte und der planetaren Grenzen auf harten Widerstand! Sie werden jedoch als gewichtiges Kommunikationsinstrument benutzt. Die Warnungen vor Umweltapokalypsen schüren Ängste und mehren dadurch den Einfluss von nationalen und internationalen Institutionen, die sich mit den Themen Klima- und Umweltschäden befassen. Die in der Verantwortung stehenden Politiker scheinen überfordert.

2. Temperaturinduzierte Klimaszenarien

Die **Szenarien** beschreiben eine vielfältige Palette von Emissionsfolgen **im Falle einer stetig zunehmenden Globaltemperatur**, die sich aus computergestützten Modellen ableiten lassen. Sie stellen neben den Prognosen über mögliche Entwicklungen des Klimas mit ihren direkten Folgen auch sozioökonomische Einschätzungen dar.

Ich beschränke mich hier auf den ersten Themenbereich. Mit einem **Anstieg der durchschnittlichen Globaltemperatur** werden **globale Klimafolgen** eintreten. Die **Klimazonen** auf unserer Erde werden sich **verschieben**: In Mitteleuropa werden wir ein mediterranes Klima haben. In den skandinavischen Ländern und Teilen Sibiriens werden sie unser jetziges Klima bekommen. Mit zunehmender Wärme werden sich **Wetterextreme** wie Hitze, Dürren, Extremregen und tropische Stürme einstellen. Etablierte **Ökosysteme werden vernichtet.** An den Polen, zunächst am Nordpol, werden die Eiskappen weiter abtauen. Aber auch das Inlandeis Grönlands und der Antarktis wird schmelzen. Damit wäre das derzeitige Eiszeitalter beendet und ein Warmzeitalter würde beginnen. Die Folge davon würde ein **deutlicher Anstieg des Meeresspiegels** sein. Im Süden der Nordhalbkugel würden sich die Trockenzonen gen Norden ausweiten.

Ein Anstieg der globalen **Temperatur von 1,5°C** würde bereits die Existenz mancher Inselstaaten gefährden.

Bei einem **Anstieg von 2°C** würden Küstengebiete überschwemmt, so dass viele Küstenbewohner weiter ins Inland ziehen müssten.

Bei einem **Anstieg über 2°C** könnte die Situation bereits eskalieren. Ein weiteres Abschmelzen des Nordpols mit einer abnehmenden Meereis-Albedo würde gemeinsam mit einer massiven Inlandeisschmelze eine massiv abnehmende Gesamt- Albedo bewirken und einen Teufelskreis einleiten. Der Meeresspiegel würde schnell und massiv steigen. Es könnten Kipppunkte wie der Stopp des Golfstroms auftreten. Die vom Golfstrom abhängigen Regionen erführen einen Temperatursturz um bis zu 8°C. Ein Leben an den jetzigen Küsten wäre nicht mehr möglich.

Ab 3°C Erwärmung würden in unseren Breiten die Flüsse austrocknen, die Gletscher endgültig schmelzen und auch die Dürregebiete würden immer größer werden. Auch würden die tropischen Regenwälder zunehmend verschwinden.

Ab 4°C Erwärmung würde ganz Südeuropa zu einem Dürregebiet mit zunehmender Knappheit an Trinkwasser sowie wiederholten Missernten. Großen Gebieten der USA, Nordafrikas und des Nahen Ostens drohte das gleiche Schicksal. Hier würden sich ausgedehnte Wüsten entwickeln.

Das sind angstmachende Szenarien. Und das ist auch so gewollt: « I want you to panic«, sagt Greta Thunberg.

Die dargestellten Prognosen beruhen bei etlichen Parametern allerdings nur auf Schätzungen. Bei den Rückkopplungseffekten geht man fast immer nur von den positiven aus. Die das Gleichgewicht haltenden negativen Rückkopplungen bleiben unberücksichtigt.

Es bleibt außerdem zur Beruhigung, dass wir uns auf das Ende einer Warmzeit und Warmphase im derzeitigen Eiszeitalter zubewegen. Des Weiteren ist es wahrscheinlich, dass ein Teil der aktuellen Temperaturerhöhung im Rahmen des jetzigen Klimawandels natürlichen Ursprungs ist.

Und selbst China ist bereit, die Treibhausgasemissionen ab 2030 zu senken.

Das Wichtigste in Kürze!

o Die Kipppunkt-Szenarien stellen eine Hypothese dar.

o Die Kipppunkt-Hypothese erhebt regional-**überregionale** Klimaentgleisungen zum Dogma.

o Die Kipppunkt-Hypothese ist unter den Klimawissenschaftlern sehr umstritten.

o Die Hypothese geht von schwerwiegenden und teils unaufhaltsamen und irreversiblen Entgleisungen aus, wenn bestimmte Grenzwerte, Kipppunkte, überschritten werden.

o Die Grenzwerte können nicht genau definiert werden.

o Der Eintritt von regional-überregionalen Klimaentgleisungen ist bei einem Anstieg der Globaltemperatur im Rahmen des Pariser Klimaschutzabkommens höchst unwahrscheinlich.

o Inzwischen misst man auch seitens des IPCC gegenregulierenden Rückkopplungen eine größere Bedeutung bei.

o Kipppunkt-Hypothese und Hypothese der planetaren Grenzen wurden von einigen Klimawissenschaftlern als gesichertes Wissen an Medien weitergegeben und den Schulen als Unterrichtsvorlage angeboten. Unter anderem damit wurde der Klima-Aktivismus nachhaltig befeuert.

o Auch die temperaturinduzierten Klimaszenarien stützen sich auf Computermodelle. Wie bereits bei den Szenarien der Kipppunkte und der planetaren Grenzen ist die Prognoseunsicherheit darin begründet, dass die Verarbeitung von Signalen durch das Rückkopplungsorchester nicht eindeutig vorhersehbar ist.

IPCC, Weltklimarat

Der **IPCC** (Intergovernmental Panel on Climate Change) wurde 1988 gegründet, nachdem Wissenschaftler in der zweiten Hälfte des letzten Jahrhunderts eine Erhöhung der Globaltemperatur festgestellt hatten und der Verdacht bestand, dass der Mensch durch seine Aktivitäten dafür verantwortlich sein könnte. Der IPCC, im deutschsprachigen Raum meist als Weltklimarat bezeichnet, hat seinen Hauptsitz in Genf. Der Rat setzt sich aus Wissenschaftlern der ganzen Welt zusammen. Er **betreibt selbst keine Forschung** und sieht seine Aufgabe darin, Forschungsberichte zum Thema Klimawandel zusammenzutragen, zu analysieren und zu bewerten, um aktuelle Erkenntnisse der Forschung und Wissenschaft zu bündeln und für die politische Entscheidungsträger zusammenzufassen. Der Weltklimarat verfügt auch über nationale Anlaufstellen für Wissenschaftler, um bereits auf nationaler Ebene die oben angeführten Aufgaben wahrnehmen zu können. Alle paar Jahre werden Assessment Reports (Zustandsberichte) und nachfolgend »Zusammenfassungen für politische Entscheidungsträger« veröffentlicht. Soweit klingt das richtig gut. Wäre da nicht die starke Verstrickung mit der Politik oder gar mit Klima- und Umweltorganisationen (?). (s. Abb. 83).

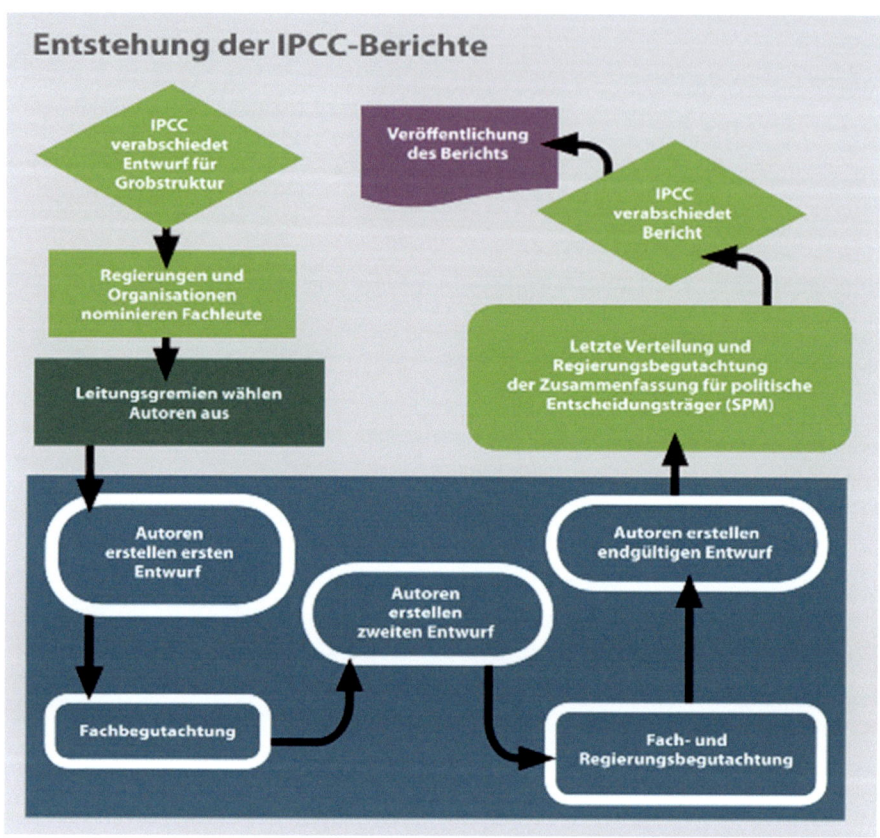

Abb. 83: Entstehung der IPCC-Berichte (FONA, 2013)

Bereits bei der Nominierung von Fachleuten üben Regierungen und Organisationen großen Einfluss aus. Nach dem Einreichen durchlaufen die wissenschaftlichen Arbeiten (1. Entwurf) –wie allgemein üblich- ein Fachgremium, in dem ausschließlich unabhängige Experten und keine Vertreter von Regierungen und Politik tätig sind.- so der IPCC. Der darauffolgende 2. Entwurf wird sowohl (ausgesuchten) externen Fachgutachern als auch den Regierungen vorgelegt. Der Erkenntnisstand, der aus allen eingereichten Forschungsberichten resultiert, schlägt sich in den etwa alle fünf Jahre veröffentlichten Sachstandsberichten (Assessment Reports) nieder. Die endgütige Veröffentlichung der Klimasachstandsberichte und der Zusammenfassung für politische Entscheidungsträger, der »Syntheseberichte«, erfolgt, wenn diese von den Mitgliedstaaten abgesegnet wurden. Das Konzept der wissenschaftlichen Freiheit und Integrität ist bereits angesichts dieses Organigramms stark gefährdet. Es bestehen tatsächlich von vielen Seiten Zweifel, ob politisch relevante Ergebnisse zu Klimathemen in den Sachstandsberichten, und zwar ohne vorhergehenden politischen Einfluss, dargestellt werden können, wenn diese nicht im Einklang mit einem 100% anthropogenen Klimawandel stehen. Der ursprüngliche Gedanke einer absolut neutralen ausschließlich der Wissenschaft verpflichteten zwischenstaatlichen Dachorganisation scheint sich zu verflüchtigen. Wie stark die Klimaforschung letztlich politisch geprägt wird, überlasse ich Ihrer Fantasie!

Medien, Wissenschaft, Politik

Der Wandel des Klimas und die damit verbundene Sorge um unsere Mutter Erde ist im Bewusstsein unserer Gesellschaft tief verwurzelt. Das hängt besonders stark mit der Politisierung des Themas `Erderwärmung´ zusammen. **Medien**, Klimaaktivisten und auch die Politik tragen den Klimawandel in den letzten Jahren ohne Unterlass in die Öffentlichkeit. Zahllose Bewegungen und Organisationen haben sich dieses Thema auf ihre Fahnen geschrieben. Alle fordern einen schnellstmöglichen Stopp der CO_2-Emissionen, meist begründet mit der akuten Gefahr von apokalyptischen Klimakatastrophen. In Verbindung mit diesen Forderungen ist auch ein antikapitalistischer Gesellschaftswandel gern gesehen. Inzwischen haben sich einige Medienvertreter sogar öffentlich vom kritischen Journalismus verabschiedet und zum Aktivistentum bekannt. Die Übergänge zwischen Journalismus und Aktivistentum sind fließend geworden und für viele Bürger nicht immer leicht zu erkennen. Neutrale, fundierte wissenschaftliche Informationen werden von den Medien in diesem Zusammenhang nicht mehr angeboten. Gute Wissenschaftsjournalisten ohne Bekehrungseifer sind Mangelware. Eine Rückkehr zur Sachlichkeit ist dringend geboten. Aber auch **Klimawissenschaftler** selbst erliegen in der Öffentlichkeit oft der Versuchung, sich durch medienwirksame Behauptungen in den Vordergrund zu spielen und damit den Pfad nüchterner, evidenzbasierter Wissenschaft zu verlassen. In unserem eigenen Land dominiert das Potsdamer Institut für Klimafolgenforschung (PIK) das Thema Klimawandel und dessen Folgen, indem es apokalyptische Kipppunkt-szenarien als wissenschaftliche Fakten in den Medien, in den Schulen als Unterrichtsvorlagen oder bei der Bundesregierung verbreitet. Der Leiter des Potsdam-Institutes für Klimafolgenforschung (PIK), Prof. Rockström und seine Kollegen sind außerdem gefragte Redner vor der UN und auf den Weltwirtschaftsforen. Zur Vergrößerung ihres Einflusses haben sie die Lobby-Gruppe »Earth Commission« gegründet, die u.a. von der Weltbank, dem Weltwirtschaftsforum und den großen Umweltverbänden finanziell unterstützt wird. Seit der Ära der Bundeskanzlerin Merkel hat sich das Volumen des PIK vervielfacht.

Das Max-Planck-Institut für Meteorologie (MPI) in Hamburg, Deutschlands bedeutendstes Klimaforschungsinstitut und bekannt für seine hohe wissenschaftliche Qualität, tritt dagegen bei der hohen **Politik**, den Medien und damit der Öffentlichkeit praktisch nicht in Erscheinung. »Die Regierung sucht ihre Berater nun mal selber aus« und »Abwägende Risiko-Kommunikation verspricht keine Aufmerksamkeit« sagt Prof. Jochem Marotzke, einer der beiden Direktoren des MPI in Hamburg, in einem Interview mit Axel Bojanowski in der Tageszeitung DIE WELT am 26.Juli 2023. Im SRU- Umweltrat (Sachverständigenrat für Umweltfragen), der die Bundesregierung berät, ist ein MPI-Forscher nicht vertreten.

Ein Großteil der **Politik**, stark beeinflusst von den Apokalypsen-Wissenschaftlern, den Medien und der sich um das Erdklima sorgenden Öffentlichkeit, passt sich diesem Zeitgeist an. Gerade weil es einer Wunschvorstellung entspricht, dass klimapolitische Entscheider ein fundiertes Wissen über Klima und Klimawandel haben, sollten sie ihre Informationen immer aus mehreren Quellen einholen und eine faktenbasierte ideologiefreie Politik anstreben. Werbewirksame Audienzen unseres Bundeskanzlers, seiner Vorgängerin, der Präsidentin der Europäischen Kommission, in Ministerien und Rathäusern für die Klimaaktivisten wirken eher wie ein symbolischer Ritterschlag. Für eine Versachlichung der Klimathematik sind sie eher kontraproduktiv. Auf der letzten UN-Klimakonferenz in Glasgow 2021 haben sich Politiker bei der Panikmache überboten. Wie passt das zusammen, wenn wir nun die Steinkohlekraftwerke und die besonders dreckigen Braunkohlekraftwerke weiterlaufen lassen und die Atomkraftwerke -der IPCC unterstützt ausdrücklich die Atomenergie- aus ideologischen Gründen abschalten? Die Steinkohle wird dafür vorwiegend aus den USA, Südafrika und Kolumbien importiert und die Braunkohle in Deutschland gefördert. Außerdem müssen in den nächsten Jahrzehnten Dutzende von neuen wasserstofffähigen Gaskraftwerken in der Überbrückungszeit -mit dem Siegel »Ökostromproduzierer»- errichtet werden. Es wäre sinnvoller, wenn die Politik neben den klassischen alternativen Energieerzeugung durch Windräder und PV-Anlagen auch nach anderen Möglichkeiten zur Schonung unserer Erde Ausschau hielte. Dazu braucht es sowohl eine Technologieoffenheit beim Energieengineering als auch beim Geoengineering-auch Klimaengineering genannt. Geoengineering umfasst Methoden und Technologien wie künstliche Aerosol- und Wolkenbildung, Kohlendioxidspeicherung oder Aufforstung, die alle darauf abzielen, das Klimaequipment zu erweitern, um die Klimafolgen abzumildern.

Resümee

Seit Beginn der Industrialisierung vor etwa 200 Jahren ist die mittlere globale Temperatur auf der Erde um gut 1°C gestiegen. Das macht den Klimawandel aus. Die zentrale Frage ist, ob er allein menschgemacht ist oder ob auch andere natürliche Ursachen eine Rolle spielen. An dieser Frage erhitzen sich die Gemüter.

Die aktuelle wissenschaftlich gesicherte Faktenlage reicht nicht für eine unantastbare Einschätzung von Ursachen und Folgen des Klimawandels aus: Die Klimawirksamkeit der Treibhausgase kann nicht exakt beurteilt werden, weil die Verarbeitungsergebnisse im Rückkopplungssystem, das als entscheidender Klimagestalter gilt, noch immer nicht realistisch absehbar sind. Auch ist die Quantität des kühlenden Aerosoleffekts nicht exakt zu ermessen. Der gesamte Wärmeeintrag (der positive Netto-Strahlungsantrieb), der seit 1750 bis heute hinzugekommen ist, ist zwar Fakt, allerdings ist die Veranschlagung des natürlichen und anthropogenen Ursachenanteils umstritten. Angstauslösende Theorien über Kipppunkte und planetare Grenzen beruhen auf Computersimulationen und sind unter Fachleuten ebenfalls äußerst strittig. Die seit Millionen von Jahren auftretenden, natürlichen, wellenförmigen Temperaturverläufe hingegen sind unumstößliche Tatsachen. Wir leben zurzeit zwar in einem seit 2,6 Millionen andauernden Eiszeitalter (Pleistozän), aber innerhalb diesem in einer Warmzeit (Holozän) und zusätzlich auch noch in einer Warmperiode (Current Warm Period).

In der Gesamtbetrachtung ist Vieles in der Klimawissenschaft noch unklar. Im Gegensatz zur Verkündung von Klimaaktivsten – »The Science is settled«- ist die Wissenschaft keineswegs abgeschlossen. The Science is NOT settled!

Aus dem gesicherten gegenwärtigen Wissensstand kann abgeleitet werden, dass der aktuelle Klimawandel mit an Sicherheit grenzender Wahrscheinlichkeit nicht ausschließlich auf anthropogene Treibhausgasemissionen zurückzuführen ist und der Eintritt von angsteinflößenden Klimaszenarien sehr unwahrscheinlich ist.

Es ist jedoch selbstverständlich, dass nachweislich und auch mutmaßlich schädigende Einflüsse auf unsere Erde unterbunden oder zu mindestens deutlich reduziert werden müssen, allerdings mit Maß und Mitte!

Abbildungsverzeichnis

Abbildungsverzeichnis

Tabellenverzeichnis

Literaturverzeichnis

Avery, T. E., & Berlin, G. L. (1992). Fundamentals of remote sensing and airphoto interpretation. *Macmillan*, NY, 433-436

Barkleit, G. (2021). Klimadebatte: Warum wir die Welt und nicht uns selbst retten. Oiger – Neues aus Wirtschaft und Forschung. https://oiger.de/2021/09/15/klimadebatte-warum-wir-die-welt-und-nicht-uns-selbst-retten/180575 [Abruf: 18.11.2023]

Bennike, O. (2011). Klimaændringer i fortid og nutid. Institut for Geografi og Geologi. *Geoviden*. Kopenhagen. Nr. 3.

Bernstein, L., Pachauri, R. K., & Reisinger, A. (2008). Klimaänderung 2007: Synthesebericht, Deutsche Übersetzung hrsg. von der Deutschen IPCC-Koordinierungsstelle.

Bikos, K., Kher, A. (o.J.). Warum gibt es Jahreszeiten?. https://www.timeanddate.de/astronomie/jahreszeiten-erklaerung [Abruf: 04.01.2023]

Bundesministerium für Bildung und Forschung, FONA (2023). Entstehung der IPCC-Berichte. https://www.fona.de/de/16812

Claude, H., Fricke, W., & Beilke, S. (2001). Wie entwickelt sich das bodennahe und das troposphärische Ozon?, *Ozonbulletin des Deutschen Wetterdienstes*, Nr. 82, lower ozone values were published in Bulletin Nr. 32, 2 pp.

Earth System Knowledge Platform (o.J.). Atmosphäre der Erde. eskp.de | Earth System Knowledge Platform – die Wissensplattform des Forschungsbereichs Erde und Umwelt der Helmholtz-Gemeinschaft. URL: https://www.eskp.de/grundlagen/schadstoffe/atmosphaere-der-erde-935158/ [Abruf: 05.01.2023]

FONA (Forschung für Nachhaltigkeit) (2013), Bildungsministerium für Bildung und Forschung, »Perspektive Erde- Was macht der Weltklimarat?« S.4

Galilea (2003). Pazifischer Feuerring. URL: https://de.wikipedia.org/wiki/Datei: Pazifischer_Feuerring.jpg [Abruf: 05.01.2023]

Glinzer,O. (o.J) CO_2-Konzentration zwischen 1750 und 1900. URL: https://cdatac.de/index.php/co2-konzentration-zwischen-1750-und-1900/ [Abruf: 05.01.2023]

Global Carbon Project. (2022). CO_2-Emissionen weltweit in den Jahren 1960 bis 2021 (in Millionen Tonnen) [Graph]. In Statista. URL: https://de.statista.com/ statistik/daten/studie/37187/umfrage/der-weltweite-co2-ausstoss-seit-1751/ [Zugriff: 05.01.2023]

Global Carbon Project. (2022a). CO_2-Emissionen: Größte Länder nach Anteil am weltweiten CO_2-Ausstoß im Jahr 2021 [Graph]. In Statista. URL: https://de. statista.com/statistik/daten/studie/179260/umfrage/die-zehn-groessten-co2-emittenten-weltweit/ [Abruf: 05.01.2023]

Hemming, S. R. (2004). Heinrich events: Massive late Pleistocene detritus layers of the North Atlantic and their global climate imprint. *Reviews of Geophysics,* 42(1).

Hildebrandt, J. P., Bleckmann, H., Homberg, U., Hildebrandt, J. P., Bleckmann, H., & Homberg, U. (2021). Visuelles System. *Penzlin-Lehrbuch der Tierphysiologie,* 731-792.

Hoffmann, R. (2016). Warum der Treibhauseffekt ein wissenschaftlicher Schwindel ist! URL: https://klimamanifest-von-heiligenroth.de/wp/tag/atmosphaere/ [Abruf: 05.01.2023]

IPCC (2021): Climate Change 2021, Working Group I, Table 7.5; WMO Greenhouse Gas Bulletin (2021): The State of Greenhouse Gases in the Atmosphere Based on Global Observations through 2020; *NOAA Global Monitoring Laboratory* (2020)

Janson, M. (2020). Mehr CO_2 – vor allem aus Asien [Digitales Bild]. URL: https://de.statista.com/infografik/22731/laender-mit-den-hoechsten-co2-emissionen/ [Abruf: 05.01.2023]

Kasang, D. (2009). Änderungen der atmosphärischen CH4-Konzentration in den letzten 640 000 Jahren sowie Schwankungen von Deuterium als Proxy (Stellvertreterdaten) für Temperatur im arktischen Eis. URL: https://wiki.bildungsserver.de/klimawandel/index.php/Datei:CH4_640000.jpg#filelinks [Abruf: 19.11.2023]

Kasang, D. (2020). Indirekte und semidirekte Wirkung von Aerosolen. URL: https://wiki.bildungsserver.de/klimawandel/index.php/Datei:Aerosolwirkung-indirekt.jpg [Abruf: 05.01.2023]

Kiehl, J. T., & Trenberth, K. E. (1997). Earth's Annual Global Mean Energy Budget. *Bulletin of the American Meteorological Society,* 78(2), 197 –208.

Kuhs, W. F., Klapproth, A., Chazallon, B., & Hondoh, T. (2000). Physics of ice core records. *Ed. T. Hondon. Hokkaido University Press, Sapporo,* 373-393.

Lenton, T. M., Held, H., Kriegler, E., Hall, J. W., Lucht, W., Rahmstorf, S., & Schellnhuber, H. J. (2008). Tipping elements in the Earth's climate system. *Proceedings of the national Academy of Sciences,* 105(6), 1786-1793.

Lisiecki, L. E., & Raymo, M. E. (2005). A Pliocene-Pleistocene stack of 57 globally distributed benthic δ 18O records. *Paleoceanography,* 20(1).

Ljungqvist, F. C. (2010). A new reconstruction of temperature variability in the extra-tropical Northern Hemisphere during the last two millennia. *Geografiska Annaler: Series A, Physical Geography,* 92(3), 339-351.

Lüthi, D., Le Floch, M., Bereiter, B., Blunier, T., Barnola, J. M., Siegenthaler, U., ... & Stocker, T. F. (2008). High-resolution carbon dioxide concentration record 650,000 –800,000 years before present. *nature, 453*(7193), 379-382.

Literaturverzeichnis

Mann, M. E., Bradley, R. S., & Hughes, M. K. (1999). Northern hemisphere temperatures during the past millennium: Inferences, uncertainties, and limitations. *Geophysical research letters*, 26(6), 759-762.

Die Welt (2023). Marotzke, Jochem im Interview mit Axel Bojanowsky, *Die Welt*, 26.7.23.

Meinshausen, M., Vogel, E., Nauels, A., Lorbacher, K., Meinshausen, N., Etheridge, D., Marine Atmospheric Research. (2017). Historical greenhouse gas concentrations for climate modelling (CMIP6). *Geoscientific Model Development*, 10(5), 2057-2116.

NASA (2023). The Spherical Shape of the Earth: Climatic Zones. URL: http://sealevel.jpl.nasa.gov/overview/images/6-cell-model.jpg. [Abruf: 31.08.2023]

NASA (2023a). An artist's renderig of the carbon cycle. https://www.nasa.gov/centers/langley/news/researchernews/rn_carboncycle.html [Abruf: 31.08.2023]

National Oceanic and Atmospheric Administration, NOAA, 2017. Die atmosphärische Lachgaskonzentration während der letzten 2.000 Jahre (Eisbohrkernanalysen, Messungen am Kap. Grim (Australien))

NDR (2019). Deutschland stößt zu viel CO_2 aus. URL: https://www.ndr.de/ratgeber/klimawandel/CO2-Ausstoss-in-Deutschland-Sektoren,kohlendioxid146.html [Abruf: 05.01.2023]

Nordebo, S., Naeem, M., & Tans, P. (2020). Estimating the short-time rate of change in the trend of the Keeling curve. *Scientific Reports*, 10(1), 21222.

Pachauri, R. K., & Meyer, L. A. (2014). Climate Change 2014: Synthesis Report. Contribution of Working Groups I, II and III to the Fifth Assessment Report of the Intergovernmental Panel on Climate Change.

Petit, J. R., Jouzel, J., Raynaud, D., Barkov, N. I., Barnola, J. M., Basile, I., ... & Stievenard, M. (1999). Climate and atmospheric history of the past 420,000 years from the Vostok ice core, Antarctica. *Nature*, 399(6735), 429-436.

Rahmstorf, S. (2003). Timing of abrupt climate change: A precise clock. *Geophysical Research Letters, 30*(10).

RAOnline (o.J.). Erdatmosphäre: Ozonschicht. URL: https://www.raonline.ch/pages/edu/cli/cloudo3a2.html [Abruf: 05.01.2023]

RAOnline (o.J.,a). Kohlenstoffkreislauf und Kohlendioxid-Lösungsprozesse. URL: https://www.raonline.ch/pages/edu/st4/ozeane1801.html [Abruf: 19.11.2023]

RAOnline (o.J., b). La Niña– Der Gegenpol zu El Niño. URL: https://www.raonline.ch/pages/edu/st/elnino01c.html#:~:text=Als%20%C2%ABLa%20Ni%C3%B1a%C2%BB%20bezeichnet%20man,Phase%20auftritt%20ist%20%C3%BCberdurchschnittlich%20hoch. [Abruf: 19.11.2023]

RAOnline (o.J.,c). Meereisausdehnung im März 2020. URL: https://www.raonline.ch/pages/edu/arc/arc_seaice2020.html [Abruf: 19.11.2023]

Ribas, Ignasi (February 2010). »Solar and Stellar Variability: Impact on Earth and Planets, Proceedings of the International Astronomical Union, *IAU Symposium.*

Ritchie, H. (2020) – »Sector by sector: where do global greenhouse gas emissions come from?« Published online at *OurWorldInData.org.* URL: 'https://ourworldindata.org/ghg-emissions-by-sector' [Abruf: 19.11.2023]

Royer, D. L. (2006). CO_2-forced climate thresholds during the Phanerozoic. *Geochimica et Cosmochimica Acta, 70*(23), 5665-5675.

Salzmann, W. (2009). Corioliskraft. Wissenstexte. *Physik-Wissen.* https://wissenstexte.de/physik/coriolis.htm [Abruf: 04.01.2023]

Schoenwiese, C. D. (1992). The changing climate. Facts, errors, risks. Klima im Wandel. Tatsachen, Irrtuemer, Risiken. Mit einer aktualisierten Dokumentation.

Schuh, H. (2003). Klimagruß von der Galaxis. Die Zeit, 29.

Shaviv, Nir. J. (2018). Subject: Statement letter of the committee discussion on COP24 in Katowice – Another milestone for global climate protection. Deutscher Bundestag. Ausschuss für Umwelt Naturschutz und nukleare Sicherheit.

Shaviv, Nir J. & Veizer, Jan (2003): Celestial Driver of Phanerrozoic Climate? *GSA Today 13*(7), 1. 7. 2003.

Silbenstreif (2012). Die Tag- und Nachtgleiche und das astronomische Zeitalter. *Gottertanz*. URL: https://goettertanz.wordpress.com/2012/02/02/equinox/ [Abruf: 05.01.2023]

Spahni, R., et al. (2005): Atmospheric methane and nitrous oxide of the late Pleistocene from Antarctic ice cores. *Science*, 310, 1317-1321; und IPCC (2007): Climate Change 2007, Working Group I: The Science of Climate Change.

Tagesschau (2021). UN-Klimakonferenz. Dutzende Staaten wollen Methan reduzieren. URL: https://www.tagesschau.de/ausland/amerika/usa-methanredu zierung-101.html [Abruf: 05.01.2023]

Titz, S. (2022). Helles Eis und dunkles Wasser – die Eisalbedo-Temperatur-Rückkopplung. URL: https://www.weltderphysik.de/gebiet/erde/atmosphaere/klimaforschung/eisalbedo/

United States Environmental Protection Agency. (2023). Climate Change Indicators: Atmospheric Concentrations of Greenhouse Gases. Bearbeitungsstand: Juli 2022. URL: https://www.epa.gov/climate-indicators/climate-change-indicators-atmospheric-concentrations-greenhouse-gases. [Abruf: 03.01.2023]

Vahrenholt, F., & Lüning, S. (2020). Unerwünschte Wahrheiten: Was Sie über den Klimawandel wissen sollten. *Langen Mueller Herbig*.

Vinther, B. M., Buchardt, S. L., Clausen, H. B., Dahl-Jensen, D., Johnsen, S. J., Fisher, D. A.,... & Svensson, A. M. (2009). Holocene thinning of the Greenland ice sheet. *Nature, 461*(7262), 385-388.

Vulkane.net (o.J.). Vulkanologie – die Lehre von den Vulkanen. URL: https://www.vulkane.net/vulkanismus/vulkanologie.html [Abruf: 05.01.2023]

Wikimedia Commons (2021). File: Holocene Temperature Variations.png. URL: https://commons.wikimedia.org/w/index.php?title=File:Holocene_Temperature_Variations.png&oldid=596945470. [Abruf: 05.01.2023]

Wikimedia Commons (2023). Atmospheric Transmission. Bearbeitungsstand: 18. März 2021. URL: https://commons.wikimedia.org/wiki/File:Atmospheric_Transmission.svg [Abruf: 30.08.2023]

Wikipedia (2022a). Coriolis-Effekt. Bearbeitungsstand: 21. Dezember 2022, 16:00 UTC https://de.wikipedia.org/wiki/Datei:Coriolis-Effekt.png [Abruf: 05.01.2023]